本书英文版入选"丝路书香工程"

"十三五"国家重点出版物出版规划项目
可靠性新技术丛书

温备份系统可靠性建模与优化

Reliability Modelling and Optimization of Warm Standby Systems

彭 锐　翟庆庆　杨 军　著

图书在版编目(CIP)数据

温备份系统可靠性建模与优化/彭锐,翟庆庆,杨军著. —北京:国防工业出版社,2020.5(2024.1重印)
(可靠性新技术丛书)
ISBN 978-7-118-12095-0

Ⅰ.①温… Ⅱ.①彭…②翟…③杨… Ⅲ.①文件备份–系统可靠性–系统建模 Ⅳ.①TP309.3

中国版本图书馆 CIP 数据核字(2020)第 065595 号

※

国防工业出版社出版发行
(北京市海淀区紫竹院南路23号 邮政编码100048)
北京虎彩文化传播有限公司印刷
新华书店经售

*

开本 710×1000 1/16 印张 9¾ 字数 160 千字
2024 年 1 月第 1 版第 3 次印刷 印数 1501—2000 册 定价 80.00 元

(本书如有印装错误,我社负责调换)

| 国防书店:(010)88540777 | 书店传真:(010)88540776 |
| 发行业务:(010)88540717 | 发行传真:(010)88540762 |

致 读 者

本书由中央军委装备发展部**国防科技图书出版基金**资助出版。

为了促进国防科技和武器装备发展,加强社会主义物质文明和精神文明建设,培养优秀科技人才,确保国防科技优秀图书的出版,原国防科工委于1988年初决定每年拨出专款,设立国防科技图书出版基金,成立评审委员会,扶持、审定出版国防科技优秀图书。这是一项具有深远意义的创举。

国防科技图书出版基金资助的对象是:

1. 在国防科学技术领域中,学术水平高,内容有创见,在学科上居领先地位的基础科学理论图书;在工程技术理论方面有突破的应用科学专著。

2. 学术思想新颖,内容具体、实用,对国防科技和武器装备发展具有较大推动作用的专著;密切结合国防现代化和武器装备现代化需要的高新技术内容的专著。

3. 有重要发展前景和有重大开拓使用价值,密切结合国防现代化和武器装备现代化需要的新工艺、新材料内容的专著。

4. 填补目前我国科技领域空白并具有军事应用前景的薄弱学科和边缘学科的科技图书。

国防科技图书出版基金评审委员会在中央军委装备发展部的领导下开展工作,负责掌握出版基金的使用方向,评审受理的图书选题,决定资助的图书选题和资助金额,以及决定中断或取消资助等。经评审给予资助的图书,由中央军委装备发展部国防工业出版社出版发行。

国防科技和武器装备发展已经取得了举世瞩目的成就,国防科技图书承担着记载和弘扬这些成就,积累和传播科技知识的使命。开展好评审工作,使有限的基金发挥出巨大的效能,需要不断摸索、认真总结和及时改进,更需要国防科技和武器装备建设战线广大科技工作者、专家、教授,以及社会各界朋友的热情支持。

让我们携起手来,为祖国昌盛、科技腾飞、出版繁荣而共同奋斗!

国防科技图书出版基金

评审委员会

国防科技图书出版基金
2018 年度评审委员会组成人员

主 任 委 员	吴有生
副主任委员	郝　刚
秘 书 长	郝　刚
副 秘 书 长	许西安　谢晓阳

委　　　员　　才鸿年　王清贤　王群书　甘茂治
（按姓氏笔画排序）　甘晓华　邢海鹰　巩水利　刘泽金
　　　　　　　　孙秀冬　芮筱亭　杨　伟　杨德森
　　　　　　　　肖志力　吴宏鑫　初军田　张良培
　　　　　　　　张信威　陆　军　陈良惠　房建成
　　　　　　　　赵万生　赵凤起　唐志共　陶西平
　　　　　　　　韩祖南　傅惠民　魏光辉　魏炳波

可靠性新技术丛书 编审委员会

主 任 委 员：康　锐

副主任委员：周东华　左明健　王少萍　林　京

委　　　员（按姓氏笔画排序）：

朱晓燕　任占勇　任立明　李　想

李大庆　李建军　李彦夫　杨立兴

宋笔锋　苗　强　胡昌华　姜　潮

陶春虎　姬广振　翟国富　魏发远

丛书序

可靠性理论与技术发源于20世纪50年代，在西方工业化先进国家得到了学术界、工业界广泛持续的关注，在理论、技术和实践上均取得了显著的成就。20世纪60年代，我国开始在学术界和电子、航天等工业领域关注可靠性理论研究和技术应用，但是由于众所周知的原因，这一时期进展并不顺利。直到20世纪80年代，国内才开始系统化地研究和应用可靠性理论与技术，但在发展初期，主要以引进吸收国外的成熟理论与技术进行转化应用为主，原创性的研究成果不多，这一局面直到20世纪90年代才开始逐渐转变。1995年以来，在航空航天及国防工业领域开始设立可靠性技术的国家级专项研究计划，标志着国内可靠性理论与技术研究的起步；2005年，以国家863计划为代表，开始在非军工领域设立可靠性技术专项研究计划；2010年以来，在国家自然科学基金的资助项目中，各领域的可靠性基础研究项目数量也大幅增加。同时，进入21世纪以来，在国内若干单位先后建立了国家级、省部级的可靠性技术重点实验室。上述工作全方位地推动了国内可靠性理论与技术研究工作。当然，随着中国制造业的快速发展，特别是《中国制造2025》的颁布，中国正从制造大国向制造强国的目标迈进，在这一进程中，中国工业界对可靠性理论与技术的迫切需求也越来越强烈。工业界的需求与学术界的研究相互促进，使得国内可靠性理论与技术自主成果层出不穷，极大地丰富和充实了已有的可靠性理论与技术体系。

在上述背景下，我们组织撰写了这套可靠性新技术丛书，以集中展示近5年国内可靠性技术领域最新的原创性研究和应用成果。在组织撰写丛书过程中，坚持了以下几个原则：

一是**坚持原创**。丛书选题的征集，要求每一本图书反映的成果都要依托国家级科研项目或重大工程实践，确保图书内容反映理论、技术和应用创新成果，力求做到每一本图书达到专著或编著水平。

二是**体系科学**。丛书框架的设计，按照可靠性系统工程管理、可靠性设计与试验、故障诊断预测与维修决策、可靠性物理与失效分析4个板块组织丛书的选题，基本上反映了可靠性技术作为一门新兴交叉学科的主要内容，也能在一定时期内保证本套丛书的开放性。

三是**保证权威**。丛书作者的遴选,汇聚了一支由国内可靠性技术领域长江学者特聘教授、千人计划专家、国家杰出青年基金获得者、973项目首席科学家、国家级奖获得者、大型企业质量总师、首席可靠性专家等领衔的高水平作者队伍,这些高层次专家的加盟奠定了丛书的权威性地位。

四是**覆盖全面**。丛书选题内容不仅覆盖了航空航天、国防军工行业,还涉及了轨道交通、装备制造、通信网络等非军工行业。

本套丛书成功入选"十三五"国家重点出版物出版规划项目,主要著作同时获得国家科学技术学术著作出版基金、国防科技图书出版基金以及其他专项基金等的资助。为了保证本套丛书的出版质量,国防工业出版社专门成立了由总编辑挂帅的丛书出版工作领导小组和由可靠性领域权威专家组成的丛书编审委员会,从选题征集、大纲审定、初稿协调、终稿审查等若干环节设置评审点,依托领域专家逐一对入选丛书的创新性、实用性、协调性进行审查把关。

我们相信,本套丛书的出版将推动我国可靠性理论与技术的学术研究跃上一个新台阶,引领我国工业界可靠性技术应用的新方向,并最终为"中国制造2025"目标的实现做出积极的贡献。

康锐

2018年5月20日

前言

从20世纪50年代可靠性作为一门专门学科诞生至今,可靠性的发展始终是紧密结合生产的规模化与现代化的。随着生产技术的日臻完善,单个产品的可靠性不断提高。同时,不断复杂化的系统也为系统可靠性的设计带来了挑战。作为可靠性设计的一项基本方法,冗余与备份设计始终是保证和提高系统可靠性的有效手段。其中,温备份设计综合了冷备份与热备份的特点,兼备了两种备份设计的优点。此外,从可靠性模型的角度,温备份是包含了冷备份与热备份的通用模型,研究温备份系统的可靠性特点对冷备份系统与热备份系统的可靠性研究都具有指导作用。

本书的主要内容凝练了北京工业大学校聘教授彭锐、上海大学特聘副教授翟庆庆、北京航空航天大学教授杨军以及他们的合作者在该领域的研究成果,围绕通用温备份系统,基于概率方法系统地研究了相关的可靠性建模与优化问题。本书主要利用决策图方法进行系统可靠性建模,不局限于含有一个或两个温备份单元的简单温备份系统,不需要假定温备份单元的寿命服从指数分布,对当前温备份系统的可靠性建模与优化方法进行了丰富和发展。

本书的结构如下。第1章概述了温备份相关的背景知识以及当前的研究现状。第2章介绍了温备份的工作机制、常见结构、涉及的故障覆盖问题以及本书中采用的决策图方法。第3章给出了利用决策图对最为常见的n中取k温备份系统进行可靠性建模的方法。第4章则从系统中故障序列的角度出发,给出了基于多值决策图的一般温备份系统可靠性建模方法。第5章进一步考虑存在故障覆盖与切换失效的温备份系统可靠性建模方法。第6章研究了一般温备份系统中单元工作的最优次序问题。第7章推广到包含多态单元的温备份系统,给出了多态温备份系统可靠性建模方法。第8章探讨具有共享总线结构的温备份系统可靠性建模方法。第9章则讨论了具有多阶段任务需求的温备份系统可靠性建模方法。第10章总结全书,讨论了其他结构下温备份系统的一般建模方法。全书中,第1章、第2章由翟庆庆撰写,第3章、第4章、第6章、第8章和第9章由彭锐和翟庆庆共同撰写,第5章、第7章和第10章由彭锐撰写,杨军主要负责全书的统稿,总体把握全书质量。

感谢国防科技图书出版基金对本书出版的资助。

本书的研究成果可应用到航空装备以及无线传感系统、电力系统等具有高可靠、长寿命要求的装备等的设计生产中,对于指导相关装备或系统的可靠性设计、评估与优化配置等有着重要而现实的参考意义。

限于作者学识及经验,书中难免存在疏漏和不足之处,敬请广大读者批评指正。

2019 年 7 月

目录

第1章 概述 ··· 1
- 1.1 冗余与备份 ··· 1
- 1.2 备份系统可靠性建模的发展 ··· 3
  - 1.2.1 可修温备份系统可靠性建模 ··· 5
  - 1.2.2 不可修温备份系统可靠性建模 ··· 6
  - 1.2.3 备份系统可靠性优化设计 ··· 7
- 参考文献 ··· 8

第2章 温备份系统可靠性建模中的相关概念 ··· 14
- 2.1 温备份单元可靠性模型 ··· 14
- 2.2 常见的温备份系统结构 ··· 16
- 2.3 不完全故障覆盖 ··· 17
- 2.4 决策图方法 ··· 20
  - 2.4.1 二分决策图 ··· 20
  - 2.4.2 多值决策图 ··· 22
  - 2.4.3 决策图在可靠性建模中的应用 ··· 22
- 参考文献 ··· 23

第3章 n 中取 k 温备份系统可靠性 ··· 28
- 3.1 系统描述 ··· 28
- 3.2 单元级二分决策图 ··· 29
- 3.3 系统决策图的构造 ··· 29
- 3.4 系统可靠度的计算 ··· 30
- 3.5 算例分析 ··· 31
  - 3.5.1 一主一备温备份系统 ··· 31
  - 3.5.2 共享备份存储系统 ··· 32
  - 3.5.3 五单元温备份系统 ··· 33
- 参考文献 ··· 36

第4章 面向需求的温备份系统可靠性 ··· 37
- 4.1 系统描述 ··· 37
- 4.2 基于故障序列的决策图 ··· 38

4.3 系统决策图的构造 ·· 42
4.4 系统可靠度推导 ·· 43
    4.4.1 系统级多值决策图中边的概率 ························· 45
    4.4.2 自下而上的系统可靠度算法 ··························· 49
    4.4.3 系统多值决策图的规模 ································ 49
4.5 系统可靠度的数值计算 ···································· 50
    4.5.1 统决策图的分解 ·· 51
    4.5.2 决策图中边的重新赋值 ································ 52
    4.5.3 系统可靠度的数值计算 ································ 53
    4.5.4 系统可靠度的程序化计算方法 ························· 54
参考文献 ··· 55

第5章 考虑故障覆盖和切换失效的温备份系统可靠性 ··· 56
5.1 完美切换下的可靠性模型 ·································· 56
    5.1.1 变量编码和动态故障树的转换 ························· 56
    5.1.2 序列多值决策图的建立 ································ 58
    5.1.3 系统可靠度的计算 ······································ 58
5.2 算例分析 ·· 64
    5.2.1 并联存储系统 ··· 64
    5.2.2 串联存储系统 ··· 67
5.3 切换失效的影响 ··· 69
参考文献 ··· 71

第6章 基于单元顺序调整的温备份系统可靠性优化 ······· 73
6.1 单元顺序对系统可靠性的影响 ······························ 73
6.2 两单元温备份系统的最优单元工作顺序 ·················· 75
    6.2.1 最大化系统期望寿命的单元工作顺序 ··············· 75
    6.2.2 最大化系统可靠度的单元工作顺序 ················· 77
6.3 多单元温备份系统的最优单元工作顺序 ·················· 81
    6.3.1 最大化系统期望寿命的单元工作顺序 ··············· 81
    6.3.2 最大化系统可靠度的单元工作顺序 ················· 83
参考文献 ··· 87

第7章 基于需求的多态温备份系统可靠性 ···················· 88
7.1 系统描述 ·· 89
7.2 多态决策图的构造 ··· 91
7.3 系统可靠度的计算 ··· 96

7.4 算例分析 ·· 97
　　7.4.1 两单元系统——指数分布 ··· 97
　　7.4.2 三单元系统——非指数分布 ····································· 98
　　7.4.3 十单元温备份系统 ··· 99
7.5 单元启动顺序优化 ··· 100
参考文献 ·· 101

第 8 章　带共享总线的温备份系统可靠性 ·································· 104
8.1 系统描述 ·· 104
8.2 系统决策图的构造 ··· 107
8.3 系统可靠度的计算 ··· 112
8.4 算例分析 ·· 113
　　8.4.1 发电系统——指数分布 ··· 113
　　8.4.2 发电系统——威布尔分布 ··· 114
　　8.4.3 包含 3 个子系统的共享总线温备份系统 ··················· 115
参考文献 ·· 116

第 9 章　具有多阶段任务要求的温备份系统可靠性 ······················ 117
9.1 系统描述 ·· 118
9.2 系统决策图的构造 ··· 118
9.3 系统可靠度的计算 ··· 126
9.4 算例分析 ·· 129
参考文献 ·· 130

第 10 章　复杂结构的温备份系统可靠性探究 ······························ 132
10.1 复杂结构的温备份系统 ··· 132
10.2 系统的可靠性探究 ·· 133
参考文献 ·· 134

Contents

Chapter 1 Introduction 1
  1.1 Redundancy and Standby 1
  1.2 Development of Reliability Modelling of Standby Systems 3
    1.2.1 Reliability Modelling of Repairable Warm Standby Systems 5
    1.2.2 Reliability Modelling of Non-Repairable Warm Standby Systems 6
    1.2.3 Optimal Reliability Design of Standby Systems 7
  References 8

Chapter 2 Concepts in Reliability Modelling of Warm Standby Systems 14
  2.1 Reliability Model of Warm Standby Components 14
  2.2 Typical Structure of Warm Standby Systems 16
  2.3 Imperfect Fault Coverage 17
  2.4 Decision Diagram Methods 20
    2.4.1 Binary Decision Diagram 20
    2.4.2 Multi-Valued Decision Diagram 22
    2.4.3 Applications of Decision Diagrams in Reliability Modelling 22
  References 23

Chapter 3 Reliability of k-out-of-n Warm Standby Systems 28
  3.1 System Description 28
  3.2 BDD for Components 29
  3.3 Construction of System Decision Diagram 29
  3.4 System Reliability Assessment 30
  3.5 Numerical Examples 31
    3.5.1 Standby System with One Online Component and One Standby 31
    3.5.2 Storage System with Shared Standby Component 32
    3.5.3 Five-Component Warm Standby Systems 33
  References 36

Chapter 4 Reliability of Demand-based Warm Standby Systems 37
  4.1 System Description 37

4.2	Fault Sequence-based Decision Diagram	38
4.3	Construction of System Decision Diagram	42
4.4	Derivation of System Reliability	43
	4.4.1 Edge Probabilities in System MDD	45
	4.4.2 Bottom-up Algorithm for System Reliability	49
	4.4.3 Scale of System MDD	49
4.5	Numerical Calculation of System Reliability	50
	4.5.1 Decomposition of System MDD	51
	4.5.2 New Edge Probabilities in Decomposed MDD	52
	4.5.3 Calculation of System Reliability	53
	4.5.4 Automatic Approach for System Reliability Evaluation	54
References		55

Chapter 5　Reliability of Warm Standby Systems Considering Fault Coverage and Switch Failure　56

5.1	Reliability Model under Perfect Switch	56
	5.1.1 Variable Coding and Conversion of Dynamic Fault Tree	56
	5.1.2 Construction of Sequential Decision Diagram	58
	5.1.3 Calculation of System Reliability	58
5.2	Numerical Examples	64
	5.2.1 Parallel Storage System	64
	5.2.2 Serial Storage System	67
5.3	Impacts of Switch Failure	69
References		71

Chapter 6　Reliability Optimization of Component Orders in Warm Standby Systems　73

6.1	Dependence of System Reliability on Component Order	73
6.2	Optimal Component Order in Two-Component Systems	75
	6.2.1 Optimal Component Order Maximizing Expected System Lifetime	75
	6.2.2 Optimal Component Order Maximizing System Reliability	77
6.3	Optimal Component Order in Multi-Component Systems	81
	6.3.1 Optimal Component Order Maximizing Expected System Lifetime	81
	6.3.2 Optimal Component Order Maximizing System Reliability	83
References		87

Chapter 7 Reliability of Demand-based Multi-State Warm Standby Systems ········· 88
7.1 System Description ········· 89
7.2 Construction of Multi-State System Decision Diagram ········· 91
7.3 Calculation of System Reliability ········· 96
7.4 Numerical Examples ········· 97
    7.4.1 Two-Component System: Exponential Distribution ········· 97
    7.4.2 Two-Component System: Non-Exponential Distribution ········· 98
    7.4.3 Ten-Component Warm Standby System ········· 99
7.5 Optimization of Component Order ········· 100
References ········· 101

Chapter 8 Reliability of Warm Standby Systems with Performance-Sharing Common Bus ········· 104
8.1 System Description ········· 104
8.2 Construction of System Decision Diagram ········· 107
8.3 Calculation of System Reliability ········· 112
8.4 Numerical Examples ········· 113
    8.4.1 Power System: Exponential Distribution ········· 113
    8.4.2 Power System: Weibull Distribution ········· 114
    8.4.3 Common Bus Sharing System with Three Subsystems ········· 115
References ········· 116

Chapter 9 Reliability of Warm Standby Systems with Multi-Phase Mission ········· 117
9.1 System Description ········· 118
9.2 Construction of System Decision Diagram ········· 118
9.3 Calculation of System Reliability ········· 126
9.4 Numerical Examples ········· 129
References ········· 130

Chapter 10 On the Reliability of Warm Standby Systems with Complex Structure ········· 132
10.1 Warm Standby Systems with Complex Structure ········· 132
10.2 Evaluation of System Reliability ········· 133
References ········· 134

第1章

概　述

《书》曰："居安思危。"思则有备，有备无患。
——《左传·襄公十一年》

可靠性是一种重要的质量特性。随着现代社会和经济的发展，人们对产品的可靠性提出了越来越高的要求。钱学森指出，"产品可靠性是设计出来的、生产出来的、管理出来的"，而可靠性首先是取决于产品设计的。产品作为一个系统，其可靠性水平很大程度上取决于系统中单元的可靠性。显然，当产品的装配、测试等环节相同时，单元的可靠性水平越高，相应的产品的可靠性也越好。然而，单纯地依靠提高单元的可靠性来改进系统的可靠性，有时在经济或技术上难以实现。这时，可以考虑冗余设计，利用可靠性水平有限的单元，构造满足高可靠要求的产品。

1.1　冗余与备份

在工程领域，冗余是指产品为完成规定的功能而采用多于最低必需量的设备，使得其在一套设备发生故障时仍能完成同一规定功能的设计特性。冗余设计的思想在于重复配置某些单元、部件或功能，根本目的在于提高产品的可靠性。由于冗余的存在，同一功能可由多个部件实现，而多个部件同时失效的概率通常要远小于单个部件失效的概率，因此可以提高产品的可靠性水平。例如，现代军用飞机或民航飞机使用的电传飞行控制系统通常包含多个通道，而且还包括一套冗余的液压控制系统。这样，当某一通道出现失效时，飞机仍可操控。再如，大型网站使用的服务器系统包含大量的服务器(图1-1)，其中就包含一定比例的冗余服务器，以保证系统在某些服务器故障、维护或升级时仍可以维持网站的正常运行。

根据工作机制的不同，冗余设计一般可分为工作冗余(Active Redundancy)与备份冗余(Standby Redundancy)两类。工作冗余中，构成冗余系统的所有单元并行工作，所有单元完成相同的功能，同一工作可以由任意单元完成或在不同单元间分

图 1-1 位于美国俄克拉荷马(Oklahoma)州的谷歌数据中心，大量的服务器整齐排列(来源:Google Data Centers)

配。某一单元失效后则不再参与系统的工作,而剩余的单元仍能保证系统的正常运行。所有单元同时工作、完成同样的功能、具有相似的寿命历程,不存在主次之分。在工作冗余中,工作单元不存在备份状态与正常工作状态间的切换动作,因此工作冗余也称为静态冗余技术。例如,现代汽车的刹车系统通常包含多个刹车片。由于刹车片的磨损、老化,其可靠性是逐渐降低的,但冗余的刹车片保证了车辆在个别刹车片出现失效时仍能安全工作(图 1-2(a))。与工作冗余不同,在备份(也称储备、贮备)冗余中,处于备份状态的单元并不直接参与系统的工作,而仅在正常工作单元失效后,备份单元才切换到正常工作状态以替换失效单元。汽车的备用轮胎是备份冗余最为常见的例子(图 1-2(b))。在计算机、服务器、存储系统、电力网络等具有高可靠性要求的领域,其系统设计中都会采用备份冗余的设计。在这些系统中,故障单元的检测、备份单元的切换通常都是自动实现的。与工作冗余相比,备份冗余中存在一系列的检测、切换和恢复操作,因此它也被称为动态冗余技术。

(a) 因制动而发红的F1赛车刹车片,可将赛车在2.9s内由200km/h制动到完全静止（工作冗余）

(b) 工作环境恶劣的越野车通常配备备用轮胎（备份冗余）

图 1-2 生活中常见的冗余案例

根据备份状态的不同,备份设计可以进一步分为热备份(Hot Standby)、冷备份(Cold Standby)与温备份(Warm Standby)。在热备份系统中,备份单元与正常工作单元同时运行,只是不参与系统的工作和输出。例如,在常见的"一主一备"的双机热备份服务器系统中,两个相同的服务器同时运行,互为备份。在任意时刻,仅有一台机器作为主工作服务器提供服务,而另一台机器则作为热备份保持开机和运行,并与主服务器一样地接收、处理数据。备份服务器与主服务器同步工作,工作状态相似,但并不向客户端提供服务(不返回数据)。当主服务器发生故障时,热备份的服务器会自动检测故障并接管主服务器的任务。在冷备份状态下,备份单元并不工作,因此理想状态下的冷备份单元不会发生退化或失效,备份时间的长短对随后的正常使用寿命没有影响。以服务器系统为例,冷备份是指机器处于关机或休眠状态。温备份,顾名思义,是冷备份与热备份的一种中间状态。在温备份状态下,单元也承受一定的工作应力,因而可能发生失效。但是,与正常工作下的工作应力相比,温备份状态下的工作应力通常更为温和,使得温备份状态下的失效率要低于正常工作状态下的失效率。相应地,温备份状态下单元的寿命分布与工作状态下的寿命分布通常不同。仍以双机服务器系统为例,温备份的双机系统中备份单元仅定期从主服务器复制、备份数据,因此其工作强度要比热备份状态下低,更不容易失效。

从实际情况来看,单元在备份状态下通常既不是完全地免于失效,也与正常工作下承受的应力有所区别。因此,温备份能够更贴切地描述备份产品所处的工作状态。从可靠性模型的角度出发,温备份可看作冷备份与热备份的推广:当温备份状态下的应力趋近于正常工作状态下的应力,相应的失效规律趋近于工作状态下的失效规律时,温备份趋近于热备份;当温备份状态下的应力很小,单元在温备份状态下基本不发生失效时,温备份趋近于冷备份。所以,温备份模型是一种更一般化的备份模型。因此,无论从理论研究的角度还是从实际应用的角度,温备份模型都值得深入研究。一方面,作为冷备份与热备份的推广模型,温备份模型的相关研究结果可直接应用于冷备份与热备份等系统的可靠性分析。另一方面,相较于热备份或者冷备份,温备份模型更为灵活,可对实际中的备份系统进行更为准确的建模。

1.2 备份系统可靠性建模的发展

备份设计在实际中得到广泛应用,其可靠性亦得到了充分重视和研究。如前文所述,备份系统可分为冷备份、热备份与温备份系统。无论从实际的技术实现,还是从可靠性建模的难易程度考虑,冷备份或热备份都要比温备份简单。已有文献涉及备份系统可靠性的相关研究中,早期也多是关于这两类备份系统的研究。在介绍温备份系统的研究之前,我们将首先对冷备份与热备份的相关研究进行简单的介绍。在进入正题前,先说明当前可靠性研究中考虑的两种不同对象:可修与不可修系统。

可靠性研究中,产品的可修与否决定了其研究中涉及的技术方法。当产品可修时,其发生故障后仍可通过维修、更换部件等方法恢复运行,使得产品可在"完好"与"故障"两种状态之间进行双向、可逆的转移。注意到,可靠性通常是指产品在完好状态保持一定时间的能力;当产品可在两种状态间转移时,产品处于完好状态的总时间可以无穷大。为了比较不同产品的可靠性水平,可以考虑产品在总的使用周期内保持在"完好"状态的时间所占的比例,或者在某一时刻产品处于"完好"状态的概率。这便涉及可用性(Availability)的概念。事实上,在可修系统可靠性的诸多研究中,人们主要还是研究产品的可用性。对于可修系统而言,可用性的研究需要对产品在不同状态间的转移情况进行建模。这时,研究对象即为产品可能处于的状态构成的集合,即状态空间(State Space)。为了得到解析的结果,已有研究中考虑的可修系统通常比较特殊,例如,系统中单元的数量是有限的,或者系统的组成单元是完全相同的。这时,状态空间可以通过枚举(或归纳)得到,而系统可用性分析的重点在于对系统在不同状态间"转移"这一动态过程进行建模。对于不可修系统,系统中单元一旦失效便会永久(至少在我们考虑的时间范围内)处于失效状态,状态的转移是单向的。这时,系统在不同状态间的转移便简单得多:只需关心从"完好"到"故障"这一转变即可。当每个单元失效的发生与否独立于其他单元时,它处于"完好"状态的时间便取决于它本身的可靠性水平。这时,由于系统在不同状态间的转移是清晰而明确的,系统可靠性建模的重点则落到如何有效地获得系统故障(正常)对应的状态空间,即寻找割集(路集)。因此,尽管对于可修或不可修系统,可靠性研究的对象一致,但关注的重点不同,因而采用的解决思路和手段也会有所区别。

回到冷备份系统的可靠性研究,分别讨论可修与不可修系统。如前所述,可修冷备份系统的可靠性建模工具主要是状态空间法。已有研究中考虑的多是包含较少单元的系统,如两单元系统。Singh 和 Agrafiotis[1]利用再生点技术研究了一个包含两个相同单元的可修冷备份系统的可靠性。Kumar 等[2]将某种碳回收装置看作一个冷备份系统并利用状态空间法求解其可靠性。Pandey 等[3]利用状态空间法研究了一个冷备份纺织装置的可靠性。Mokaddis 等[4]利用半马尔可夫技术研究了一个包含两个不同类别单元的可修冷备份系统。王冠军和张元林[5]针对一个两单元可修冷备份系统,考虑部件使用与维修的优先权,利用状态空间法对系统可用性进行了分析。唐应辉和刘艳[6]、余沙妙等[7]以及梁小林等[8]考虑维修工的休假,针对两单元可修冷备份系统的可靠性进行了研究。对于不可修冷备份系统,研究的重点是寻找系统故障对应的状态集合。这时使用的技术就多种多样,但基本原理是组合方法。Azaron 等[9]对单元服从指数分布的冷备份系统,提出一种获取系统故障状态集的网络图方法,并利用马尔可夫方法求解了系统可靠性。Azaron 等[10]利用网络图求解系统中存在冷备份且单元服从 Erlang 分布的系统可靠性。由于一般冷备份系统可靠度的计算涉及积分,计算比较困难,Wang 等[11]针对包含独立同分布单元的 n 中取 1 和 n 中取 k 冷备份系统,提出了一种基于中心极限定理的系统可靠度近似计算方法。当系统中单元寿命分布不独立时,Eryilmaz 和 Tank[12]利用 Copulas 方法研究了一个三单元冷备份系统的可靠性。总结起来,针对冷备份系统的研究多假设单元服从指数分布,根据状态空间法分析系统的可靠性并利用马尔可夫方法求解。

若不考虑切换的可靠性,热备份与常见的工作冗余[13]的系统可靠性模型是相同的。工作冗余的常见结构为 n 中取 k 结构,即 n 个单元中 k 个单元工作即可保证系统的正常运行。这类系统的相关研究在系统可靠性建模领域占有很大比重,主要原因可概括为两点:其一,这类系统在实际中较为常见,其可靠性研究具有重要意义;其二,此类系统的可靠性建模分析涉及较为复杂的组合问题(相较于串并联系统),其可靠性分析更具有研究性。如 Kuo 与 Zuo 的 *Optimal Reliability Modeling: Principles and Applications*[13]一书中,与这类系统相关的论述就有 4 章。最近的研究中,部分学者考虑了更一般的加权 n 中取 k 热备份系统的可靠性建模[14-17]。Huang 等[18]、Tian 等[19]、Li 和 Zuo[16]进一步考虑了多状态 n 中取 k 系统以及多状态加权 n 中取 k 系统的可靠性建模。Coit 等[20]研究了一种单元成组(Component Partnership)情形下的 n 中取 k 系统并给出了系统的可靠性模型。总结起来,对于一般的简单热备份系统,由于备份状态与正常工作状态(对单元而言)没有区别,系统可靠度的求解较为直接,因而研究者更多关注系统可修时的可用性[21]或者不可修时的备件优化配置问题。

1.2.1 可修温备份系统可靠性建模

温备份系统的可靠性建模也分为可修与不可修两类。现有的可修温备份系统的可靠性建模研究中,绝大多数都假定单元在正常工作与温备份状态下的寿命以及维修时间均服从指数分布,进而利用马尔可夫分析方法求解[22-36]。少数研究者考虑随机变量服从非指数分布的情形,利用半马尔可夫技术进行系统可靠性的分析[37-42]。

当单元寿命与维修时间均服从指数分布时,可以用马尔可夫方法分析系统可靠性。Wang 等[23,25,28,29,33,34]、Ke 等[32,35,43]以及 Jain 等[44,45]针对一个包含 m 个工作单元、n个温备份单元(所有单元同分布)的(m+n)中取k可修温备份系统进行了一系列研究,考虑了诸如单元维修等待与退出、不可靠维修、维修压力等因素,利用马尔可夫方法分析了系统的可靠性与可用性。Zhang 等[27]研究了一个包含两类单元的(m+n)中取k的可修温备份系统,假设单元寿命与维修时间均为指数分布,利用马尔可夫方法对系统的可靠度与可用度指标进行了求解。Wang 和 Kuo[22]研究了4种不同系统配置的可修混合备份系统的可靠度,其中单元寿命与维修时间均为指数分布。Yuan 和 Meng[31]考虑了一个包含两个不同指数型单元(一个工作单元与一个温备份单元)的可修温备份系统,利用马尔可夫过程与拉普拉斯变换分析了系统可用性。胡兆红和陈希镇[46]、刘海涛等[47]、杨勇和张静文[48]针对包含两个不同指数型单元的可修温备份系统,利用状态空间法对系统可靠性进行了分析和求解。

当单元的寿命分布或维修时间服从任意分布时,状态空间法仍是系统可用性(可靠性)建模的主要工具,此时可能用到半马尔可夫等分析方法。Mokaddis 和 Tawfek[40]考虑一个两单元可修温备份系统,假设单元在工作与温备份状态下的寿命分布是任意的,利用半马尔可夫技术分析了系统可用性。Mahmoud 和 Esmail[37]也考虑一个两单元可修温备份系统,假设单元寿命服从指数分布,但维修时间为一般分布,利用马尔可夫更新过程中的再生点技术分析了系统可用性。Hsu 等[39]研究了一个包含两个工作单元、一个温备份单元和一个维修设备的可修温备份系统的可用度,假设单元寿命服从独立同分布的指数分布,维修时间服从任意分布,并利用状态空间法对系统进行了分析。Pérez-Ocón 和 Montoro-Cazorla[41]对一个单元工作寿命以及维修时间分布均服从位相型(Phase-type)分布的 n 中取 1 可修温备份系统的可用性进行了分析。El-Damcese[42]将 Zhang 等[27]的研究推广到单元寿命与维修时间服从任意分布的情形,同时考虑了共因失效。总结起来,状态空间分析是可修温备份系统的可靠性和可用性分析的主要手段,马尔可夫相关技术是求解的主要方法。

1.2.2 不可修温备份系统可靠性建模

不可修温备份系统的可靠性问题研究较少。李祚东[49]针对包含独立同分布指数单元的 n 中取 1 温备份系统,考虑切换的不可靠,给出了系统的可靠度模型。She 和 Pecht[50]、李振等[51]以及 Amari 等[52]研究了一个包含独立同分布指数单元的 n 中取 k 温备份系统的可靠度,给出了该系统可靠度的解析表达式。Amari 和 Dill[53]分析了一个单元寿命独立同分布但可以服从任意分布的混合备份系统的可靠性。针对单元寿命服从任意分布的 n 中取 k 温备份系统,Tannous 等[54]提出一种基于序贯二分决策图的系统可靠度计算方法。该方法尽管理论上适用于 n 中取

k 温备份的可靠性分析,但不是形式化的方法。Tannous 和 Xing[55]针对 n 中取 1 温备份系统提出了一种利用中心极限定理近似求解系统可靠度的方法,但该近似方法的效果不甚理想。Levitin 和 Amari[56]通过将时间离散化的方法,利用通用生成函数(Universal Generating Function,UGF)对 n 中取 k 温备份系统的可靠性进行了求解。部分学者对一些特殊的温备份系统的可靠性进行了分析。Cha 等[57]以及 Li 等[58]研究了一个两单元(一主一备)温备份系统的可靠性。Papageorgiou 和 Kokolakis[59]研究了一个包含两个工作单元、$(n-2)$ 个温备份单元的系统的可靠度,推导了系统可靠度的递推公式。Eryilmaz[60]考虑了单元独立同分布的 n 中取 k 系统额外配置一个温备份单元的情形,给出了系统可靠度函数的解析表达式。总的来说,针对一般的不可修温备份系统,并没有统一有效的系统可靠度的建模计算方法。

1.2.3 备份系统可靠性优化设计

备份系统的可靠性优化设计一直都是可靠性领域内的重要研究内容[61],根据研究角度可分为两类。第一类问题通常涉及系统的可靠度(可用度)指标、系统的配置费用、系统总重量以及系统体积等设计要素,以某个(些)要素为约束(如系统总费用),以某个(些)要素为目标函数(如系统可靠度),以备份类型、备件数量和(或)种类为设计变量,构造一个最优化问题并求解。Coit[62]讨论了不完全切换下非可修串-并联冷备份系统的优化设计问题,假设单元的寿命分布服从 Erlang 分布,构造了在费用和重量约束下最大化某一给定时刻的系统可靠度的备件优化配置问题,并将这一优化问题转换为等价的 0-1 规划问题进行求解。Coit[63]进一步考虑了包含冷备份与热备份两种备份类型的串-并联系统的备件优化配置,构造了费用与重量约束下最大化系统可靠度的优化问题,同样将该问题转化为等价的 0-1 规划问题并求解。Coit[64]将参数估计的不确定性考虑进来,以系统可靠度的估计方差为优化目标对串-并联系统的备件优化配置进行了研究。Boddu 和 Xing[65]、Boddu 和 Xing[66]考虑了一个包含若干 n_i 中取 k_i 子系统的串联系统,其中每个子系统可以混合配置冷备份或热备份。作者构造了配置费用约束下最大化某一时刻系统可靠度的优化问题,并利用遗传算法求解了最优的备件配置。对于可修系统,Yu 等[67]以一个两单元(一工作一冷备份)可修系统为对象,构造了以系统可用度为约束,以平均修复时间、单元的平均故障间隔时间为设计变量,以总费用为优化目标的优化问题并进行了求解。部分学者,如 Huang 等[68]、Azaron 等[69]、Safari[70]、Ardakan 等[71]考虑了多目标下的备件优化问题,并基于遗传算法对问题进行了求解。针对一般的包含温备份设计的系统,Amari 和 Dill[72]考虑了一个由若干 n_i 中取 k_i 子系统串联而成的系统,研究了在费用、重量与体积约束下最大化系统可靠性的优化问题。Tannous[73]则分别利用整数规划与遗传算法对费用和备件总量约束下的串-并联温备份系统的备件优化配置进行了求解。

第二类问题则是给定系统设计时的可用单元,考虑如何通过合理配置备份单元的位置或工作顺序来最大化系统的可靠度指标。这类问题中,备份单元配置在不同位置会导致不同的系统可靠度。由于可用备份是给定的,因此一般不考虑费用、重量等要素,而仅仅考虑系统可靠性指标的最优化。相关研究中常涉及随机排序问题,一般可以通过解析方法给出具有普遍意义的结果[74]。Romera 等[75]针对两单元串联系统及 n 中取 k 系统中两个单元的热备份配置问题进行了研究。Li 和 Hu[76]则研究了多种情形下串并联系统中热备份单元的配置问题。Hu 和 Wang[77]对 n 中取 k 系统以及串联系统中热备份单元的优化配置分别进行了研究。Valdés 等[78]研究了串联系统中热备份单元的优化配置。Li 和 Ding[79]、Ding 和 Li[80]研究了 n 中取 k 系统的热备份单元的配置分配问题。

对于温备份系统,若单元不是独立同分布的,则不同的单元工作顺序可能会导致不同的系统可靠度。Yun 和 Cha[81]研究了一个单元寿命服从指数分布的两单元(一主一备)温备份系统中单元的工作顺序问题。Levitin 等[82]利用遗传算法研究了 n 中取 1 温备份系统中单元的最优顺序问题,但未给出一般性的结论。本书第 6 章将专门针对这一问题展开讨论。

参考文献

[1] SINGH S, AGRAFIOTIS G. Stochastic analysis of a two-unit cold standby system subject to maximum operation and repair time[J]. Microelectronics Reliability, 1995, 35(12):1489-1493.

[2] KUMAR S, KUMAR D, MEHTA N. Behavioural analysis of shell gasification and carbon recovery process in a urea fertilizer plant[J]. Microelectronics Reliability, 1996, 36(5):671-673.

[3] PANDEY D, JACOB M, YADAV J. Reliability analysis of a powerloom plant with cold standby for its strategic unit[J]. Microelectronics Reliability, 1996, 36(1):115-119.

[4] MOKADDIS G, TAWFEK M, ELHSSIA S. Analysis of a two-dissimilar unit cold standby redundant system subject to inspection and random change in units[J]. Microelectronics Reliability, 1997, 37(2):329-334.

[5] 王冠军,张元林. 有优先维修权和优先使用权的冷储备系统的几何过程模型[J]. 经济数学, 2005, 22(1):42-49.

[6] 唐应辉,刘艳. 修理工多重休假且不能修复如新的冷储备可修系统[J]. 数学的实践与认识, 2008, 38(2):47-52.

[7] 余纱妙,唐应辉,陈胜兰. 离散时间单重休假冷储备系统的可靠性分析[J]. 计算机工程与科学, 2008, 30(10):108-112.

[8] 梁小林,莫兰英,唐小伟. 具有修理工休假的冷备退化可修系统的研究[J]. 系统工程学

报,2010,25(3):426-432.

[9] AZARON A, KATAGIRI H, SAKAWA M, et al. Reliability function of a class of time-dependent systems with standby redundancy[J]. European Journal of Operational Research, 2005, 164(2): 378-386.

[10] AZARON A, KATAGIRI H, KATO K, et al. Reliability evaluation of multi-component cold-standby redundant systems[J]. Applied Mathematics and Computation, 2006, 173(1): 137-149.

[11] WANG C, XING L, AMARI S V. A fast approximation method for reliability analysis of cold-standby systems[J]. Reliability Engineering & System Safety, 2012, 106: 119-126.

[12] ERYILMAZ S, TANK F. On reliability analysis of a two-dependent-unit series system with a standby unit[J]. Applied Mathematics and Computation, 2012, 218(15): 7792-7797.

[13] KUO W, ZUO M J. Optimal Reliability Modeling: Principles and Applications[M]. Hoboken: John Wiley & Sons, 2003.

[14] WU J S, CHEN R J. An algorithm for computing the reliability of weighted k-out-of-n systems [J]. IEEE Transactions on Reliability, 1994, 43(2): 327-328.

[15] LEVITIN G, LISNIANSKI A. Reliability optimization for weighted voting system[J]. Reliability Engineering & System Safety, 2001, 71(2): 131-138.

[16] LI W, ZUO M J. Reliability evaluation of multi-state weighted k-out-of-n systems[J]. Reliability Engineering & System Safety, 2008, 93(1): 160-167.

[17] ERYILMAZ S. On reliability analysis of a k-out-of-n system with components having random weights[J]. Reliability Engineering & System Safety, 2013, 109: 41-44.

[18] HUANG J, ZUO M J, WU Y. Generalized multi-state k-out-of-n:G systems[J]. IEEE Transactions on Reliability, 2000, 49(1): 105-111.

[19] TIAN Z, ZUO M J, YAM R C M. Multi-state k-out-of-n systems and their performance evaluation[J]. IIE Transactions, 2008, 41(1): 32-44.

[20] COIT D W, CHATWATTANASIRI N, WATTANAPONGSAKORN N, et al. Dynamic k-out-of-n system reliability with component partnership[J]. Reliability Engineering & System Safety, 2015, 138: 82-92.

[21] KHATAB A, NAHAS N, NOURELFATH M. Availability of k-out-of-n:G systems with non-identical components subject to repair priorities[J]. Reliability Engineering & System Safety, 2009, 94(2): 142-151.

[22] WANG K H, KUO C C. Cost and probabilistic analysis of series systems with mixed standby components[J]. Applied Mathematical Modelling, 2000, 24(12): 957-967.

[23] WANG K H, KE J C. Probabilistic analysis of a repairable system with warm standbys plus balking and reneging[J]. Applied Mathematical Modelling, 2003, 27(4): 327-336.

[24] XU H, GUO W. Asymptotic stability of a parallel repairable system with warm standby[J]. International Journal of Systems Science, 2004, 35(12): 685-692.

[25] WANG K H, LAI Y J, KE J B. Reliability and sensitivity analysis of a system with warm stand-

bys and a repairable service station[J]. International Journal of Operations Research,2004,1(1):61-70.

[26] WANG K H,DONG W L,KE J B. Comparison of reliability and the availability between four systems with warm standby components and standby switching failures[J]. Applied Mathematics and Computation,2006,183(2):1310-1322.

[27] ZHANG T,XIE M,HORIGOME M. Availability and reliability of k-out-of-$(M+N)$:G warm standby systems[J]. Reliability Engineering & System Safety,2006,91(4):381-387.

[28] WANG K H,KE J B,KE J C. Profit analysis of the M/M/R machine repair problem with balking,reneging,and standby switching failures[J]. Computers & Operations Research,2007,34(3):835-847.

[29] WANG K H,KE J B,LEE W C. Reliability and sensitivity analysis of a repairable system with warm standbys and R unreliable service stations[J]. The International Journal of Advanced Manufacturing Technology,2007,31(11):1223-1232.

[30] SHEN Z,HU X,FAN W. Exponential asymptotic property of a parallel repairable system with warm standby under common-cause failure[J]. Journal of Mathematical Analysis and Applications,2008,341(1):457-466.

[31] YUAN L,MENG X Y. Reliability analysis of a warm standby repairable system with priority in use[J]. Applied Mathematical Modelling,2011,35(9):4295-4303.

[32] KE J C,WU C H. Multi-server machine repair model with standbys and synchronous multiple vacation[J]. Computers & Industrial Engineering,2012,62(1):296-305.

[33] WANG K H,YEN T C,JIAN J J. Reliability and sensitivity analysis of a repairable system with imperfect coverage under service pressure condition[J]. Journal of Manufacturing Systems,2013,32(2):357-363.

[34] WANG K H,LIOU C D,LIN Y H. Comparative analysis of the machine repair problem with imperfect coverage and service pressure condition[J]. Applied Mathematical Modelling,2013,37(5):2870-2880.

[35] KE J C,HSU Y L,LIU T H,et al. Computational analysis of machine repair problem with unreliable multi-repairmen[J]. Computers & Operations Research,2013,40(3):848-855.

[36] HSU Y L,KE J C,LIU T H,et al. Modeling of multi-server repair problem with switching failure and reboot delay and related profit analysis[J]. Computers & Industrial Engineering,2014,69(3):21-28.

[37] MAHMOUD M,ESMAIL M. Stochastic analysis of a two-unit warm standby system with slow switch subject to hardware and human error failures[J]. Microelectronics Reliability,1998,38(10):1639-1644.

[38] WANG K H,CHIU L W. Cost benefit analysis of availability systems with warm standby units and imperfect coverage[J]. Applied Mathematics and Computation,2006,172(2):1239-1256.

[39] HSU Y L,KE J C,LIU T H. Standby system with general repair,reboot delay,switching failure and unreliable repair facility-A statistical standpoint[J]. Mathematics and Computers in Simu-

lation,2011,81(11):2400-2413.

[40] MOKADDIS G,TAWFEK M. Stochastic analysis of a two-dissimilar unit warm standby redundant system with two types of repair facilities[J]. Microelectronics Reliability,1995,35(12):1467-1472.

[41] PÉREZ-OCÓN R,MONTORO-CAZORLA D. A multiple warm standby system with operational and repair times following phase-type distributions[J]. European Journal of Operational Research,2006,169(1):178-188.

[42] EL-DAMCESE M. Analysis of warm standby systems subject to common-cause failures with time varying failure and repair rates[J]. Applied Mathematical Sciences,2009,3(18):853-860.

[43] KE J C,WANG K H. The reliability analysis of balking and reneging in a repairable system with warm standbys[J]. Quality and Reliability Engineering International,2002,18(6):467-478.

[44] JAIN M,MAHESHWARI S. N-policy for a machine repair system with spares and reneging[J]. Applied Mathematical Modelling,2004,28(6):513-531.

[45] JAIN M,SHARMA G,SHARMA R. Performance modeling of state dependent system with mixed standbys and two modes of failure[J]. Applied Mathematical Modelling,2008,32(5):712-724.

[46] 胡兆红,陈希镇. 两不同型部件温贮备可修系统的可靠性分析[J]. 温州大学学报(自然科学版),2009,30(4):44-48.

[47] 刘海涛,孟宪云,李芳,等. 两个不同型部件温贮备系统的几何过程模型[J]. 系统工程,2010,28(9):103-107.

[48] 杨勇,张静文. 两个不同型多状态部件温贮备退化系统的几何过程模型[J]. 西南师范大学学报(自然科学版),2013,38(7):24-30.

[49] 李祚东. 贮备系统的可靠性模型[J]. 质量与可靠性,2004,19(6):29-33.

[50] SHE J,PECHT M. Reliability of a k-out-of-n warm-standby system[J]. IEEE Transactions on Reliability,1992,41(1):72-75.

[51] 李振,张德素,孙新利. 储备系统可靠度的归一化算法[J]. 质量与可靠性,2007,22(6):13-15.

[52] AMARI S V,PHAM H,MISRA R B. Reliability characteristics of k-out-of-n warm standby systems[J]. IEEE Transactions on Reliability,2012,61(4):1007-1018.

[53] AMARI S V,DILL G. A new method for reliability analysis of standby systems[C]//Annual Reliability and Maintainability Symposium (RAMS2009),Fort Worth,Texas,USA. Piscataway,NJ:IEEE,2009:417-422.

[54] TANNOUS O,XING L,DUGAN J. Reliability analysis of warm standby systems using sequential BDD[C]//Annual Reliability and Maintainability Symposium (RAMS2011),Lake Buena Vista,Florida,USA. Piscataway,NJ:IEEE,2011:1-7.

[55] TANNOUS O,XING L. Efficient analysis of warm standby systems using central limit theorem[C]//Annual Reliability and Maintainability Symposium (RAMS2012). Piscataway,NJ:IEEE,2012:1-6.

[56] LEVITIN G, AMARI S V. Approximation algorithm for evaluating time-to-failure distribution of k-out-of-n system with shared standby elements[J]. Reliability Engineering & System Safety, 2010,95(4):396-401.

[57] CHA J H, MI J, YUN W Y. Mo delling a general standby system and evaluation of its performance[J]. Applied Stochastic Models in Business and Industry,2008,24(2):159-169.

[58] LI X, ZHANG Z, WU Y. Some new results involving general standby systems[J]. Applied Stochastic Models in Business and Industry,2009,25(5):632-642.

[59] PAPAGEORGIOU E, KOKOLAKIS G. Reliability analysis of a two-unit general parallel system with $(n-2)$ warm standbys[J]. European Journal of Operational Research,2010,201(3):821-827.

[60] ERYILMAZ S. Reliability of a k-out-of-n system equipped with a single warm standby component[J]. IEEE Transactions on Reliability,2013,62(2):499-503.

[61] KUO W, PRASAD V R. An annotated overview of system-reliability optimization[J]. IEEE Transactions on Reliability,2000,49(2):176-187.

[62] COIT D W. Cold-standby redundancy optimization for nonrepairable systems[J]. IIE Transactions,2001,33(6):471-478.

[63] COIT D W. Maximization of system reliability with a choice of redundancy strategies[J]. IIE Transactions,2003,35(6):535-543.

[64] COIT D W, JIN T, WATTANAPONGSAKORN N. System optimization with component reliability estimation uncertainty: a multi-criteria approach[J]. IEEE Transactions on Reliability,2004,53(3):369-380.

[65] BODDU P, XING L. Redundancy allocation for k-out-of-n:G systems with mixed spare types[C]//Annual Reliability and Maintainability Symposium (RAMS2012). IEEE,2012:1-6.

[66] BODDU P, XING L. Reliability evaluation and optimization of series-parallel systems with k-out-of-n:G subsystems and mixed redundancy types[J]. Proceedings of the Institution of Mechanical Engineers, Part O: Journal of Risk and Reliability,2013,227(2):187-198.

[67] YU H, YALAOUI F, CHÂTELET, et al. Optimal design of a maintainable cold-standby system[J]. Reliability Engineering & System Safety,2007,92(1):85-91.

[68] HUANG H Z, QU J, ZUO M J. Genetic-algorithm-based optimal apportionment of reliability and redundancy under multiple objectives[J]. IIE Transactions,2009,41(4):287-298.

[69] AZARON A, PERKGOZ C, KATAGIRI H, et al. Multi-objective reliability optimization for dissimilar-unit cold-standby systems using a genetic algorithm[J]. Computers & Operations Research,2009,36(5):1562-1571.

[70] SAFARI J. Multi-objective reliability optimization of series-parallel systems with a choice of redundancy strategies[J]. Reliability Engineering & System Safety,2012,108:10-20.

[71] ABOUEI ARDAKAN M, ZEINAL HAMADANI A, ALINAGHIAN M. Optimizing bi-objective redundancy allocation problem with a mixed redundancy strategy[J]. ISA Transactions,2015,55(0):116-128.

[72] AMARI S V, DILL G. Redundancy optimization problem with warm-standby redundancy[C]// Annual Reliability and Maintainability Symposium (RAMS2010). IEEE, 2010:1-6.

[73] TANNOUS O, XING L, PENG R, et al. Redundancy allocation for series-parallel warm-standby systems[C]//Proceedings of IEEE International Conference on Industrial Engineering and Engineering Management (IEEM), Singapore. IEEE, 2011:1261-1265.

[74] BOLAND P J, EL-NEWEIHI E, PROSCHAN F. Stochastic order for redundancy allocations in series and parallel systems[J]. Advances in Applied Probability, 1992, 24(1):161-171.

[75] ROMERA R, VALDÉS J E, Zequeira R I. Active-redundancy allocation in systems[J]. IEEE Transactions on Reliability, 2004, 53(3):313-318.

[76] LI X, HU X. Some new stochastic comparisons for redundancy allocations in series and parallel systems[J]. Statistics & Probability Letters, 2008, 78(18):3388-3394.

[77] HU T, WANG Y. Optimal allocation of active redundancies in k-out-of-n systems[J]. Journal of Statistical Planning and Inference, 2009, 139(10):3733-3737.

[78] VALDÉS J E, ARANGO G, ZEQUEIRA R I, et al. Some stochastic comparisons in series systems with active redundancy[J]. Statistics & Probability Letters, 2010, 80(11):945-949.

[79] LI X, DING W. Optimal allocation of active redundancies to k-out-of-n systems with heterogeneous components[J]. Journal of Applied Probability, 2010, 47(1):254-263.

[80] DING W, LI X. The optimal allocation of active redundancies to k-out-of-n systems with respect to hazard rate ordering[J]. Journal of Statistical Planning and Inference, 2012, 142(7):1878-1887.

[81] YUN W Y, CHA J H. Optimal design of a general warm standby system[J]. Reliability Engineering & System Safety, 2010, 95(8):880-886.

[82] LEVITIN G, XING L, DAI Y. Optimal sequencing of warm standby elements[J]. Computers & Industrial Engineering, 2013, 65(4):570-576.

第 2 章

温备份系统可靠性建模中的相关概念

能前知其当然,事至不惧,而徐为之图。

——宋·苏轼《晁错论》

从可靠性建模的角度,由于单元在温备份状态下也会发生失效,即其寿命在温备份状态下有所损耗,因此系统的寿命不再是主工作单元寿命与温备份单元寿命的简单加和,系统的寿命分布或可靠度也不再是工作单元寿命分布与备份单元寿命分布的直接卷积。另外,由于温备份下的寿命分布与工作寿命分布通常不同,因此系统可靠度也无法由单元可靠度的简单组合获得。温备份系统的可靠性建模,既涉及失效单元的组合问题,也需要考虑备份单元的切换过程。

温备份系统中,当某一工作单元失效时,系统需要将失效单元检测、隔离出来,以保证失效的单元不会影响系统的正常运行。在隔离失效单元后,才将温备份单元切换至正常工作状态。一方面,系统很难以百分百的概率诊断、隔离失效单元,相应的故障覆盖通常是不完全的[1-5]。因此,在温备份系统的可靠性建模中需要考虑故障的不完全覆盖效应。另一方面,由于温备份单元的切换过程也可能发生失效,因此在可靠性建模时需要考虑切换的失效。总结起来,温备份系统的工作过程是一个较为复杂的动态过程,对此类系统进行可靠性评价时需要考虑多个方面的因素。

2.1 温备份单元可靠性模型

温备份单元在其寿命历程中可能处于"温备份""工作"或"失效"三种状态,如图 2-1 所示。开始工作时,温备份单元首先处于温备份状态,随后可能在某一时刻切换到正常工作状态以替换失效单元,也可能在需要替换其他单元前就发生失效。在转入正常工作状态后,温单元仍可能发生失效。注意到,温备份单元工作状态的切换是依赖于系统中其他单元的,其寿命历程是动态的。因此,在分析温备份系统的可靠性时,不能将单元的工作过程看作是独立的,而是要考虑单元工作间的依赖关系。

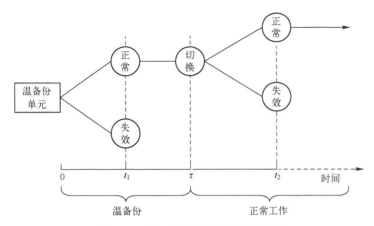

图 2-1　温备份单元的可能寿命历程

由于工作状态的差异,通常温备份状态下的应力水平不同于正常工作状态下的应力;相应地,两种状态下单元的寿命情况也应当不同。关于单元在温备份与工作两种状态下的寿命分布的假设,本书考虑以下两种模型:

(1) 温备份下的失效机理与正常工作时的失效机理一致。此时,温备份状态下的单元寿命分布与正常工作状态下的分布形式一致,只是该状态下的工作应力较正常工作状态更加温和,使得产品的寿命有一种比例放大的效应,或失效率比例减小。常用的模型包括加速失效时间模型[6-8](Accelerated Failure Time Model,AFTM)以及比例风险模型[9-11](Proportional Hazard Model,PHM)。

假设 $F^o(\cdot)$ 为正常工作状态下的基准寿命分布函数,$F^s(t)$ 为温备份状态下的寿命分布函数。其中,上标"o"表示正常工作状态(Operational),"s"表示温备份状态(Standby)。以线性 AFTM 为例,温备份状态下的寿命分布可以利用基准寿命分布函数表示:$F^s(t)=F^o(\gamma(t))$,其中 $0<\gamma<1$ 为一比例因子。该式的含义是,单元在温备份状态下生存到 t 时刻的老化程度等效于单元在正常工作状态下生存到 $\gamma(t)$ 时的程度;即与正常工作状态下相比,单元在温备份状态下的生存时间相当于成比例放大了。更一般地,可以假设

$$F^s(t)=F^o(\gamma(t)) \tag{2-1}$$

式中:$\gamma(t)\leq t$ 为一单调非减函数,$\gamma(0)=0$,$\lim_{t\to+\infty}\gamma(t)=+\infty$。这样,利用非线性函数 $\gamma(t)$,可以刻画两种应力水平下更为复杂的寿命关系。

温备份单元的寿命历程可能同时包含温备份与正常工作两种状态,为综合不同应力下的工作时间并得到整体的寿命情况,需要衔接两种不同状态下的使用时

间。步进加速试验中,考虑载荷历史的3种常用模型为:损伤随机变量(Tampered Random Variable,TRV)模型[12]、累积失效(Cumulative Exposure Model,CEM)模型[13,14]和损伤失效率(Tampered Failure Rate,TFR)模型[15,16]。累积失效模型假设单元的剩余寿命仅依赖于当前单元已累积的失效以及当前的应力水平,而与失效累积的方式无关。而且,如果应力水平不变,则单元的失效服从于该应力下的寿命分布情况,始于之前其他应力水平下的累积失效。同时,应力水平变化仅改变单元寿命服从的分布,而不会改变当前的累积失效。这里的"失效"指的是累积分布函数的增量。

对于温备份系统,我们利用 AFTM 模型刻画两种应力下寿命的关系,同时可以利用累积失效模型连接两种应力下的寿命。具体地,根据 AFTM,温备份状态下单元工作至 τ 时刻的累积失效为 $F^s(\tau)=F^o(\gamma(\tau))$,即当前的累积失效等价于正常工作一段时间 $\gamma(\tau)$ 对应的累积失效。假设此时单元切换至正常工作状态。根据累积失效模型的假设,单元在随后的工作中失效的分布服从 $F^o(\cdot)$,且始于当前的累积失效 $F^o(\gamma(\tau))$。这意味着,单元在 τ 时刻后的失效情况与正常工作一段时间 $\gamma(\tau)$ 后的失效情况相同。因此,考虑整个寿命历程的单元失效分布函数为

$$F(t)=\begin{cases} F^o(\gamma(t)) & (0<t\leqslant\tau) \\ F^o(t-\tau+\gamma(\tau)) & (t>\tau) \end{cases} \quad (2-2)$$

这样,在给定 $\gamma(t)$ 后,仅用正常工作状态下的寿命分布 $F^o(t)$ 就可以描述温备份单元的寿命特征。另外,在给定单元在时刻 τ 由温备份状态切换至正常工作状态的条件下,其单元寿命分布为

$$F^o_\tau(u)=\frac{F^o(u+\gamma(t))}{1-F^o(\gamma(t))} \quad (u>0)$$

式中:u 表示单元在正常工作状态下的工作时间。

利用其他模型,如损伤失效率模型,也可以对温备份单元的寿命进行类似建模,但本书仅考虑 AFTM 与累积失效模型结合的建模方法,对其他模型不作讨论。

(2) 温备份状态下的失效机理与正常工作时的失效机理不同,二者是独立的。这种情形下,温备份状态与正常工作状态下的失效互不影响,两种状态下的寿命也是独立的。此时,可以分别假设两种状态下的寿命分布为 $F^o(t)$ 与 $F^s(t)$。考虑到温备份系统的动态特点,整个寿命历程的单元失效分布函数为

$$F(t)=\begin{cases} F^s(t) & (0<t\leqslant\tau) \\ F^o(t-\tau)[1-F^s(\tau)] & (t>\tau) \end{cases} \quad (2-3)$$

2.2 常见的温备份系统结构

温备份属于一种冗余设计,因此温备份系统的结构与常见的冗余系统结构具

有相似之处。一种常见的冗余系统为 n 中取 k 系统,亦称表决系统,如图 2-2 所示。该系统中有 n 个功能相同的单元,而系统的正常工作仅需要 $k(k \leqslant n)$ 个单元工作即可。当工作的 k 个单元中任一单元出现失效时,系统便会根据事先确定的工作顺序切换到下一个可用单元,保证系统中始终有 k 个单元处于工作状态,维持系统的正常运行。

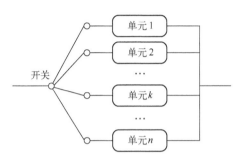

图 2-2 常见 n 中取 k 冗余系统示意图

更为一般地,可考虑系统中每个单元均具有特定的名义能力,而系统能否正常工作不再取决于系统中工作单元的个数,而是取决于所有工作单元所能提供的整体能力。例如,一个区域内的电网功率不取决于并网发电的电机或电厂数目,而是取决于发电设备的总功率。显然,这类系统是 n 中取 k 系统的进一步推广。如果系统中所有单元的名义能力相同,则对于给定的系统工作总能力要求,存在某一最少的工作单元数目要求。这时,系统就是一个 n 中取 k 系统。对于一般的单元能力不同的系统,则不存在一个固定的 k。由于此时系统的工作与否取决于人们对它的具体需求,因此可称其为基于需求的冗余系统。

如前所述,由于 n 中取 k(基于需求)结构在实际中很常见,因此本书后文中也着重考虑具有这样结构的温备份系统的可靠性。

2.3 不完全故障覆盖

备份系统中需要对失效的工作单元进行检测、隔离,即需要对已发生的故障进行覆盖。故障覆盖是指系统中出现故障时系统仍能保持正常的工作[3]。故障覆盖的一般模型如图 2-3 所示[17]。每当一个故障发生后,其对应于 3 种可能结果:

(1) 如果当前发生的故障是瞬态的,且可以自动恢复到正常状态而不需要隔离任何单元,则该故障对应于"瞬态恢复(Restoration,R)"这一结果;

(2) 如果发生的故障是永久性的且发生故障的单元被正确隔离,则该故障对应于"故障覆盖(Fault-Coverage,C)"这一结果;

(3) 如果该故障直接导致了系统的故障,则这一情形对应于"单点故障(Single-Point Failure,S)"这一结果[18]。

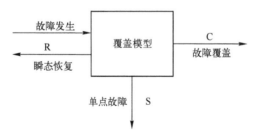

图 2-3 故障覆盖的一般模型

在系统可靠性分析中,假设 3 个结果 R、S 和 C 对应的概率分别为 r_0、s_0 和 c_0,则有

$$r_0 + s_0 + c_0 = 1$$

一般地,可以不把"瞬态恢复"这一情形作为一种故障情形,即假设 $r_0 = 0$。这样,一个故障发生后,它可能被覆盖,也可能导致系统故障。故障覆盖因子即为"给定故障发生的条件下该故障被正确地发现并隔离"这一事件的(条件)概率。

$$c_0 = \Pr\{系统正常(故障单元被隔离) | 故障发生\} \tag{2-4}$$

当存在不完全故障覆盖现象时,失效的单元无法正确地从系统中隔离,可能对系统的正常工作造成干扰,甚至直接导致系统故障。例如,多核并行计算时,如果某一个核出现故障但没有检测出来,那么该计算核心给出的计算结果可能就是有问题的,随后基于这一结果的所有计算都可能是错误的。再如,若核电站的部分控制棒无法正常工作但未检测出来,很有可能导致反应堆堆芯温度过高,造成堆芯烧毁。因此,备份系统的可靠性建模中需要考虑不完全故障覆盖现象。

不完全故障覆盖的概念最初由 Bouricius 等[3]提出,随后,Arnold[4]将不完全故障覆盖概念引入可修系统的可用性建模。不完全故障覆盖的相关研究主要包括:对故障覆盖这一过程本身的建模及覆盖概率的估计;考虑不完全故障覆盖的系统可靠性分析。在系统可靠性分析的相关研究中,部分研究将故障覆盖概率看作常数(尤其对于早期研究)。这时可用的方法包括静态故障树、可靠性框图等组合方法。如 Dugan[19]研究了利用故障树方法处理不完全故障覆盖的方法。实际中,故障的检测、隔离以及恢复所消耗的时间均为随机数,这些量值依赖于当时系统的状态。这样,故障的覆盖过程实际上是一个动态的、序贯的过程。为了对故障覆盖进行更为精确的建模,很多研究采用了马尔可夫链方法。然而,马尔可夫链方法的一个主要的缺点是其状态空间随着所分析单元的个数呈指数增长,因此对于包含较多单元的系统,马尔可夫链方法难以应用。因此,有些研究综合利用组合方法的便捷以及马尔可夫链方法适用于动态过程的特点,提出了诸如 HARP(Hybrid Automated Reliability Predictor)等的分析工具。在应用组合方法分析不完全故障覆盖时,其中的关键在于将不完全故障覆盖效应从系统状态分析中分离开来。在这方面,Amari 等[17]提出的简单高效分析(Simple Efficient Analysis,SEA)方法充分地认识并利用了这一技巧。SEA 方法的核心思想基于如下认识:当考虑不完全故障覆盖时,一个单元可能存在 3 种情形,即正常、失效但未被覆盖和失效且被覆盖。当假设任意未被覆盖的故障失效均会导致系统故障时,系统正常的概率等于系统中所有故障均被覆盖且系统功能满足要求的概率。这一概率又可进行如下分解

$R_S = \Pr\{$系统功能满足要求|所有故障均被覆盖$\} \cdot \Pr\{$所有故障均被覆盖$\}$

这里,第二项"所有故障均被覆盖"的概率可以通过单元级失效被覆盖概率的简单组合乘积获得。第一项条件概率通过两步得到:①获得每一单元故障被覆盖情形下单元能够正常工作(失效)的概率,即故障覆盖条件下的单元可靠度(不可靠度);②根据给定的单元级可靠度(不可靠度)获得系统级的(条件)可靠度。其中,第②步可使用任何有效的建模方法实现。总结起来,SEA 方法的要义便是将故障覆盖这一概率分离开来,然后便可以利用已有的建模方法求解系统可靠度。

在提出 SEA 后,Amari 等[20]又考虑了两种基于 SEA 的将不完全故障覆盖嵌入到常规系统可靠性分析中的方法。陈光宇等[21]将 SEA 方法扩展到多层次系统的可靠性分析中,提出了分离故障覆盖的自上而下算法。陈光宇等[22,23]则针对多阶段任务系统可靠性建模中的不完全故障覆盖问题,提出了综合 SEA 与马尔可夫分析的方法。

可以看到,SEA 方法考虑的系统中,每一个单元有一个固定的覆盖概率,即单元级覆盖(Element Level Coverage,ELC)模型。ELC 模型中,每一个单元发生失效后被正确地检测隔离的概率(故障覆盖因子)与具体单元有关,不同单元的故障覆盖因子可能不同。这一模型常用于具有内置检测(Built-In Test,BIT)装置的单元的故障覆盖建模。另一种常用的故障覆盖模型为故障级覆盖(Fault Level Coverage,FLC)模型。FLC 模型中,一个失效单元的覆盖与否并不依赖于具体的单元,而是取决于已经发生的故障个数。这一模型中,第一个故障被覆盖的概率为 c_1,第二个故障被覆盖的概率为 c_2,以此类推。这一模型适用于"中值表决"等故障检测机制下的故障覆盖建模[24]。对于冗余系统,由于系统中单元具有相似的功能,能够实现表决机制,因此冗余系统中的故障覆盖可利用 FLC 模型进行建模。Levitin 和 Amari[25]研究了串-并联系统中存在 FLC 时的系统可靠性,给出了基于可靠性框图与通用生成函数的系统可靠度求解方法。Myers[24]针对不同故障覆盖

模型下 n 中取 k 系统的可靠度进行了研究,Levitin 和 Amari[26]则针对不同故障覆盖模型下的串-并联系统给出了基于通用生成函数的系统可靠度计算方法。不完全故障覆盖模型以及不完全故障覆盖情形下系统可靠度的计算方法的综述可参见文献[27]。

2.4 决策图方法

2.4.1 二分决策图

二分决策图(Binary Decision Diagram,BDD)是一种基于香农分解(Shanon decomposition)的无环有向图[28]。香农分解是对布尔函数的一种变换

$$f = x \cdot f_{x=1} + \bar{x} \cdot f_{x=0} = \text{ite}(x, f_{x=1}, f_{x=0}) \tag{2-5}$$

式中,f 为一个关于一组布尔随机变量 X 的布尔函数;x 为 X 中的一个元素;ite 表示"If…Then…Else…"这一逻辑结构。分解后的两个子表达式 $x \cdot f_{x=1}$ 和 $\bar{x} \cdot f_{x=0}$ 分别对应于 x 发生与不发生两种情形。显然,二者是互斥的。

为说明香农分解,考虑一个两单元并联系统。用 x_1 与 x_2 分别表示两个单元所处的状态,其中 1 表示失效,0 表示正常。令 f 为系统的状态,则系统对应的布尔函数为

$$f = x_1 x_2 \tag{2-6}$$

即当且仅当 x_1 与 x_2 均取 1 时,f 取 1。香农分解是将 f 依照 x_1(或 x_2)的可能取值分解为两个子函数

$$f = x_1 f_{x_1=1} + \bar{x}_1 f_{x_1=0}$$
$$f_{x_1=1} = x_2, f_{x_1=0} = 0 \tag{2-7}$$

通过香农分解,任一布尔函数均可以这样展开下去,最后得到一系列互斥项的和。

可靠性建模中,故障树分析是一种最为传统而常用的工具,当前很多可靠性建模相关软件中也都包含故障树分析模块。故障树提供了一种从顶层到底层递归系统功能逻辑的手段。但是,由于系统可靠度计算过程中需要确定割集,直接基于故障树的计算比较烦琐,特别当系统故障树的规模很大时,这一问题尤其突出。这时,便可借助二分决策图来计算系统可靠度。将故障树转为二分决策图结构,可以通过对系统故障树的自下而上遍历获得。具体的操作规则是[28]:

$$G \diamond H = \text{ite}(x, G_1, G_2) \diamond \text{ite}(y, H_1, H_2)$$
$$= \begin{cases} \text{ite}(x, G_1 \diamond H_1, G_2 \diamond H_2) & \text{index}(x) = \text{index}(y) \\ \text{ite}(x, G_1 \diamond H, G_2 \diamond H) & \text{index}(x) < \text{index}(y) \\ \text{ite}(y, G \diamond H_1, G \diamond H_2) & \text{index}(x) > \text{index}(y) \end{cases} \tag{2-8}$$

式中:G 与 H 分别表示遍历得到的两个子树;符号"◇"表示逻辑运算"与"(AND)或者"或"(OR);index($\cdot$) 表示布尔变量在输入列表中的序号。

以一个简单的三单元串-并联系统为例,其可靠性框图及故障树如图 2-4 所示。该系统包含两个子系统:显然,当任一子系统故障时,系统故障。若以事件 F 表示系统故障,则对应于故障树有 $F = G_1\,OR\,G_2$。这里 G_1 与 G_2 分别对应故障树中的左右子树,其中 $G_2 = \text{ite}(x_3,1,0)$,即当 A_3 发生故障时($x_3 = 1$),G_2 对应的子树发生故障。另一方面,G_1 可进一步表示为 $G_1 = H_1\,AND\,H_2$,其中 $H_1 = \text{ite}(x_1,1,0)$,$H_2 = \text{ite}(x_2,1,0)$。如果我们定义布尔变量的序号为 $x_1 < x_2 < x_3$(即 x_1 优先级最低而 x_3 优先级最高),则根据式(2-8),有

$$G_1 = H_1\,AND\,H_2 = \text{ite}(x_1,1\,AND\,H_2,0\,AND\,H_2) = \text{ite}(x_1,H_2,0) = \text{ite}(x_1,\text{ite}(x_2,1,0),0)$$

$$F = G_1\,OR\,G_2 = \text{ite}(x_1,H_2\,OR\,G_2,0\,OR\,G_2) = \text{ite}(x_1,\text{ite}(x_2,1\,OR\,G_2,0\,OR\,G_2),G_2)$$

$$= \text{ite}(x_1,\text{ite}(x_2,1,G_2),G_2) = \text{ite}(x_1,\text{ite}(x_2,1,\text{ite}(x_3,1,0)),\text{ite}(x_3,1,0))$$

这样,我们便得到了系统故障这一事件 F 作为布尔函数的香农分解。对应于这一表达式,其二分决策图的结构如图 2-4(c)所示。

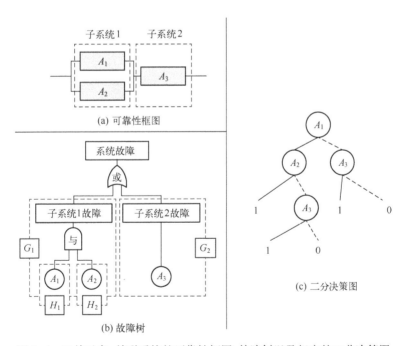

图 2-4 三单元串-并联系统的可靠性框图、故障树以及相应的二分决策图

根据二分决策图的转化规则可知,终端节点(Terminal Node)对应的状态即为系统的状态。当"0"和"1"分别表示工作与故障时,指向"1"的每一路径都对应于

引起系统故障的一种可能的单元失效组合。由香农分解的原理及二分决策图的结构可知,二分决策图中不同的路径对应的失效单元组合是互斥的。这样,系统故障的概率则为所有指向终端节点"1"的路径发生概率之和。

2.4.2 多值决策图

多值决策图(Multi-valued Decision Diagram,MDD)是二分决策图的一种推广,最初用于多状态系统的可靠性分析[29-32],也称为多状态多值决策图(Multi-state MDD,MMDD)。在 MDD 中,每一节点对应一个单元,具有多个分支,每个分支对应于单元的诸多状态中的一种可能状态。例如,对于飞机上的发动机,它可能在飞机起飞滑行、爬升、巡航、下降、着陆 5 个阶段的任一阶段发生故障,也可能不发生故障[33]。这样,可以用一个具有 6 个分支的多值决策图对该故障进行表示,如图 2-5(a)所示。其中,终值"1"表示故障发生,"0"表示未故障。

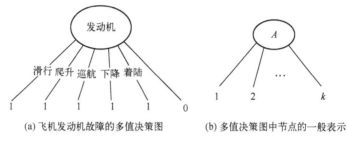

(a) 飞机发动机故障的多值决策图　　(b) 多值决策图中节点的一般表示

图 2-5　多值决策图

一般地,一个 k 状态单元 A 对应的节点有 k 个分支,如图 2-5(b)所示。若由一个 k 值变量 x_A 表示 A 的状态,则系统 MDD 的逻辑表达式可以根据 A 的可能状态进行如下的"case"分解

$$F = A|_1 \cdot F_{x_A=1} + A|_2 \cdot F_{x_A=2} + \cdots + A|_k \cdot F_{x_A=k} = \text{case}(A, F_1, F_2, \cdots, F_k) \quad (2\text{-}9)$$

式中:$F_i \triangleq F_{x_A=i}$。与香农展开类似,所有事件 $A|_i \cdot F_{x_A=i}(i=1,\cdots,k)$ 均是互斥的。这样,根据 A 的可能状态,系统 MDD 对应的事件可分解为 k 个子事件 $F_{x_A=i}(i=1,\cdots,k)$。

2.4.3 决策图在可靠性建模中的应用

决策图作为一种有效的建模手段,现在已广泛用于系统可靠性的建模分析。二分决策图作为最基本的决策图,最早由 Lee[34]提出,然后 Boute[35]及 Akers[36]对其进行了进一步发展。Bryant[28]针对当时已有的二分决策图进行深入的讨论,提出了有序二分决策图(Ordered BDD,OBDD)及其简化的规则。随后,二分决策图被广泛地应用到诸如电路验证[37]、紧凑马尔可夫链表示[38-40]、Petri 网可达集的生成与存储[41,42]中。

二分决策图用于系统可靠性分析始于20世纪90年代初[30,43]。Zang等[44]针对多状态系统提出了一种基于BDD的系统可靠度计算方法。Chang等[18]利用OBDD对不完全故障覆盖下的多状态系统进行了可靠性分析。Rauzy等[45]研究了将大规模故障树转化为BDD的方法。Myers和Rauzy[46,47]利用二分决策图对不完全故障覆盖下的 n 中取 k 系统的可靠度进行了建模求解。Shrestha和Xing[48]提出了一种对数编码的二分决策图,用于分析多状态系统的可靠性。Rauzy[49]综述了近15年BDD在可靠性研究中的应用,介绍了BDD在故障树与事件树分析中的应用以及涉及的概率计算问题。闵苹等[50]、张国军等[51]、陶勇剑等[52]、胡文军[53]、高巍和张琴芳[54]对利用BDD分析故障树的方法进行了研究。为克服二分决策图在分析故障树时的不足,涂序跃[55]提出将故障树分解为子故障树然后利用BDD进行分析的方法。作为BDD的一种推广,多值决策图最初用于多状态系统的可靠性分析[29-32],后来有学者将其应用到多阶段任务系统的可靠性建模中[56,57]。Mo和Xing[58]结合二分决策图与多值决策图对存在共因失效(Common-Cause Failure, CCF)的系统可靠性进行了分析。Xing与Amari所著的 *Binary Decision Diagrams and Extensions for System Reliability Analysis*[59]一书系统而全面地介绍了决策图的相关方法在可靠性建模中的应用,感兴趣的读者不妨参考学习。

参考文献

[1] DOBSON I, CARRERAS B A, LYNCH V E, et al. Complex systems analysis of series of blackouts: Cascading failure, critical points, and self-organization[J]. Chaos: An Interdisciplinary Journal of Nonlinear Science, 2007, 17(2): 026103.

[2] PEPYNE D L. Topology and cascading line outages in power grids[J]. Journal of Systems Science and Systems Engineering, 2007, 16(2): 202-221.

[3] BOURICIUS W, CARTER W C, SCHNEIDER P. Reliability modeling techniques for self-repairing computer systems[C]//The 24th National ACM Conference. ACM, 1969: 295-309.

[4] ARNOLD T F. The concept of coverage and its effect on the reliability model of a repairable system[J]. IEEE Transactions on Computers, 1973, 100(3): 251-254.

[5] XING L. Reliability evaluation of phased-mission systems with imperfect fault coverage and common-cause failures[J]. IEEE Transactions on Reliability, 2007, 56(1): 58-68.

[6] KAY R, KINNERSLEY N. On the use of the accelerated failure time model as an alternative to the proportional hazards model in the treatment of time to event data: A case study in influenza [J]. Drug Information Journal, 2002, 36(3): 571-579.

[7] FINKELSTEIN M. On statistical and information-based virtual age of degrading systems[J]. Reliability Engineering & System Safety, 2007, 92(5): 676-681.

[8] BARABADI A, BARABADY J, MARKESET T. Application of accelerated failure model for the oil and gas industry in Arctic region[C]//Proceedings of IEEE International Conference on Industrial Engineering and Engineering Management (IEEM). IEEE, 2010:2244-2248.

[9] COX D R. Regression models and life-tables[J]. Journal of the Royal Statistical Society Series B (Methodological), 1972, 34(2):187-220.

[10] KUMAR D, KLEFSJÖ B. Proportional hazards model: a review[J]. Reliability Engineering & System Safety, 1994, 44(2):177-188.

[11] LI X, YAN R, ZUO M J. Evaluating a warm standby system with components having proportional hazard rates[J]. Operations Research Letters, 2009, 37(1):56-60.

[12] NELSON W. Accelerated life testing step-stress models and data analysis[J]. IEEE Transaction on Reliability, 1980, 29:103-108.

[13] DEGROOT M, GOEL P. Bayesian estimation and optimal designs in partially accelerated life testing[J]. Naval Research Logistics Quarterly, 1979, 26:223-235.

[14] AMARI S V, BERGMAN R. Reliability analysis of k-out-of-n load-sharing systems[C]//Annual Reliability & Maintainability Symposium (RAMS2008), LA, USA. Piscataway, NJ: IEEE, 2008:440-445.

[15] SOLOMON P. Effect of misspecification of regression models in the analysis of survival data[J]. Baometrzka, 1984, 71(2):291-298.

[16] NELSON W. Accelerated Testing: Statistical Models, Test Plans, and Data Analyses[M]. Wiley & Sons, 1990.

[17] AMARI S V, DUGAN J B, MISRA R B. A separable method for incorporating imperfect fault-coverage into combinatorial models[J]. IEEE Transactions on Reliability, 1999, 48(3):267-274.

[18] CHANG Y R, AMARI S V, KUO S Y. OBDD-based evaluation of reliability and importance measures for multistate systems subject to imperfect fault coverage[J]. IEEE Transactions on Dependable and Secure Computing, 2005, 2(4):336-347.

[19] DUGAN J B. Fault trees and imperfect coverage[J]. IEEE Transactions on Reliability, 1989, 38(2):177-185.

[20] AMARI S, MYERS A, RAUZY A. An efficient algorithm to analyze new imperfect fault coverage models[C]//Annual Reliability and Maintainability Symposium (RAMS2007). IEEE, 2007:420-426.

[21] 陈光宇,黄锡滋,唐小我. 不完全覆盖的多层次系统可靠性分析[J]. 系统工程学报,2005,20(5):60-66.

[22] 陈光宇,黄锡滋,唐小我. 不完全覆盖的多阶段任务系统可靠性集成分析[J]. 系统工程理论与实践,2006,26(4):1-8.

[23] 陈光宇,黄锡滋,张小民,等. 不完全覆盖的多阶段任务系统可靠性综合分析[J]. 系统工程学报,2007,22(5):539-545.

[24] MYERS A F. k-out-of-n: G system reliability with imperfect fault coverage[J]. IEEE Transactions on Reliability, 2007, 56(3):464-473.

[25] LEVITIN G, AMARI S V. Multi-state systems with multi-fault coverage[J]. Reliability Engineering & System Safety, 2008, 93(11): 1730-1739.

[26] LEVITIN G, AMARI S. Three types of fault coverage in multi-state systems[C]//8th International Conference on Reliability, Maintainability and Safety (ICRMS 2009). IEEE, 2009: 122-127.

[27] AMARI S V, MYERS A F, RAUZY A, et al. Imperfect coverage models: status and trends[M]//Handbook of Performability Engineering. London: Springer, 2008: 321-348.

[28] BRYANT R E. Graph-based algorithms for Boolean function manipulation[J]. IEEE Transactions on Computers, 1986, 100(8): 677-691.

[29] AKERS J, BERGMAN R, AMARI S V, et al. Analysis of multi-state systems using multi-valued decision diagrams[C]//Annual Reliability and Maintainability Symposium (RAMS2008). Piscataway, NJ: IEEE, 2008: 347-353.

[30] XING L, DAI Y. A new decision-diagram-based method for efficient analysis on multistate systems[J]. IEEE Transactions on Dependable and Secure Computing, 2009, 6(3): 161-174.

[31] SHRESTHA A, XING L, COIT D W. An efficient multistate multivalued decision diagram-based approach for multistate system sensitivity analysis[J]. IEEE Transactions on Reliability, 2010, 59(3): 581-592.

[32] AMARI S V, XING L, SHRESTHA A, et al. Performability analysis of multistate computing systems using multivalued decision diagrams[J]. IEEE Transactions on Computers, 2010, 59(10): 1419-1433.

[33] XING L, AMARI S V. Reliability of phased-mission systems[M]//Handbook of Performability Engineering. London: Springer, 2008: 349-368.

[34] LEE C-Y. Representation of switching circuits by binary-decision programs[J]. Bell System Technical Journal, 1959, 38(4): 985-999.

[35] BOUTE R T. The binary decision machine as programmable controller[J]. Euromicro Newsletter, 1976, 2(1): 16-22.

[36] AKERS S B. Binary decision diagrams[J]. IEEE Transactions on Computers, 1978, 100(6): 509-516.

[37] BURCH J R, CLARKE E M, LONG D E, et al. Symbolic model checking for sequential circuit verification[J]. IEEE Transactions on Computer-Aided Design of Integrated Circuits and Systems, 1994, 13(4): 401-424.

[38] HERMANNS H, MEYER-KAYSER J, SIEGLE M. Multi terminal binary decision diagrams to represent and analyse continuous time Markov chains[C]//3rd Int Workshop on the Numerical Solution of Markov Chains. Citeseer, 1999: 188-207.

[39] CIARDO G, LÜTTGEN G, SIMINICEANU R. Saturation: An efficient iteration strategy for symbolic state-space generation[C]//Proceedings of the 7th International Conference on Tools and Algorithms for the Construction and Analysis of Systems. Springer-Verlag, 2001: 328-342.

[40] MINER A S, CHENG S. Improving efficiency of implicit Markov chain state classification[C]//

Proceedings of First International Conference on the Quantitative Evaluation of Systems (QEST 2004). IEEE,262-271.

[41] MINER A S, CIARDO G. Efficient reachability set generation and storage using decision diagrams[C]//International Conference on Application and Theory of Petri Nets. Springer-Verlag, 1999:6-25.

[42] CIARDO G. Reachability set generation for Petri nets: Can brute force be smart? [C]//25th International Conference on Application and Theory of Petri Nets, Bologna, Italy. Springer, 2004:17-34.

[43] RAUZY A. New algorithms for fault trees analysis[J]. Reliability Engineering & System Safety, 1993,40(3):203-211.

[44] ZANG X, WANG D, SUN H, et al. A BDD-based algorithm for analysis of multistate systems with multistate components[J]. IEEE Transactions on Computers,2003,52(12):1608-1618.

[45] RAUZY A, GAUTHIER J, LEDUC X. Assessment of large automatically generated fault trees by means of binary decision diagrams[J]. Proceedings of the Institution of Mechanical Engineers, Part O:Journal of Risk and Reliability,2007,221(2):95-105.

[46] MYERS A F, RAUZY A. Assessment of redundant systems with imperfect coverage by means of binary decision diagrams[J]. Reliability Engineering & System Safety, 2008, 93(7):1025-1035.

[47] MYERS A, RAUZY A. Efficient reliability assessment of redundant systems subject to imperfect fault coverage using binary decision diagrams[J]. IEEE Transactions on Reliability, 2008, 57(2):336-348.

[48] SHRESTHA A, XING L. A logarithmic binary decision diagram-based method for multistate system analysis[J]. IEEE Transactions on Reliability,2008,57(4):595-606.

[49] RAUZY A. Binary decision diagrams for reliability studies[M]//Handbook of Performability Engineering. London:Springer,2008:381-396.

[50] 闵苹,童节娟,奚树人. 利用二元决策图求解故障树的基本事件排序[J]. 清华大学学报(自然科学版),2005,45(12):1646-1649.

[51] 张国军,朱俊,吴军,等. 基于BDD的考虑共因失效的故障树可靠性分析[J]. 华中科技大学学报(自然科学版),2007,35(9):1-4.

[52] 陶勇剑,董德存,任鹏. 故障树分析的二元决策图方法[J]. 铁路计算机应用,2009,18(9):4-7.

[53] 胡文军. 故障树向二元决策图的转换算法[J]. 原子能科学技术,2010,44(3):289-293.

[54] 高巍,张琴芳. 基于二叉决策图的故障树求解法[J]. 核技术,2011,34(10):791-795.

[55] 涂序跃. 基于二元决策图的系统可靠性模块分析方法[J]. 华东交通大学学报,2010,27(5):53-57.

[56] PENG R, ZHAI Q, XING L, et al. Reliability of demand-based phased-mission systems subject to fault level coverage[J]. Reliability Engineering & System Safety,2013,121:18-25.

[57] MO Y, XING L, AMARI S V. A multiple-valued decision diagram based method for efficient re-

liability analysis of non-repairable phased-mission systems [J]. IEEE Transaction on Reliability,2014,63(1):320-330.

[58] MO Y,XING L. An enhanced decision diagram-based method for common-cause failure analysis [J]. Proceedings of the Institution of Mechanical Engineers,Part O:Journal of Risk and Reliability,2013,227(5):557-566.

[59] XING L,AMARI S V. Binary Decision Diagrams and Extensions for System Reliability Analysis [M]. John Wiley & Sons,2015.

第3章

n 中取 k 温备份系统可靠性

宜未雨而绸缪，毋临渴而掘井。

——明·朱伯庐《治家格言》

在现实生活中，很多系统的正常运行需要多个单元同时工作。例如，发电站通常需要多个发电设备的同时工作才能保证要求的功率输出；服务器系统需要多个服务器同时工作才能满足正常的访问要求。在正常工作的单元之外，系统还会额外配备一些同类的冗余单元以保证系统的高可靠运行。这类系统即为最常见的一类冗余系统，n 中取 k 系统[1-3]。本章针对 n 中取 k 温备份系统的可靠性，给出基于二分决策图的系统可靠度建模方法。

3.1 系统描述

系统中包含 n 个单元 $A_1,\cdots,A_n$，系统的正常运行需要 k 个单元同时工作。在零时刻，单元 $A_1,\cdots,A_k$ 正常工作，其他单元处于温备份状态。温备份单元的切换顺序是给定的，即当工作单元出现故障时，当前可用的所有温备份单元中下标最小者将切换至正常工作状态，以保证系统中始终有 k 个正常工作的单元。假设切换的时间与正常工作的时间相比可以忽略不计，即切换是瞬时完成的。当系统中失效的单元个数超过 $(n-k)$ 个时，系统故障。

系统中 n 个单元的寿命分布是独立的，且分布的类型可以是任意的。假设初始工作单元 A_i 的寿命分布为 $F_i(t)$，即累积分布函数(Cumulative Distribution Function, CDF)($1 \leqslant i \leqslant k$)；温备份单元在温备份状态与工作状态下的寿命分布分别为 $F_i^s(t)$ 与 $F_i^o(t)$($k+1 \leqslant i \leqslant n$)。

每当系统中的单元发生失效时，系统需要检测、隔离该失效单元。考虑故障的不完全覆盖并利用故障级覆盖模型对故障覆盖进行建模。具体地，假设对于系统中的第 i 个失效单元，系统能够检测、隔离该失效的概率为 c_i，即第 i 个故障的故障

覆盖率为 c_i。如果单元发生失效,但系统未能正确检测、隔离该失效单元,则失效单元仍在系统中,可能会对系统造成致命损害。例如,若电路中某一器件失效但未被检测出来,则失效单元仍会继续通电,可能产生大量的热,造成整个系统的损坏。因此,本书假设一旦出现故障未被覆盖的情形,则整个系统故障。

3.2 单元级二分决策图

传统的二分决策图适用于二值情形,而温备份单元不仅包括"工作-失效"两个状态,还增加了一个温备份状态。因此,为利用二分决策图对温备份系统进行建模分析,需要考虑温备份单元的工作特点对二分决策图进行改造。

根据前文的描述可知,单元 $A_1,\cdots,A_k$ 在一开始就处于正常工作状态,并可能在随后的工作中发生故障,因此它仅包含"工作-失效"两个状态,可以用传统的二分决策图表示,如图 3-1(a)所示。其中,终值为"0"的分支对应于正常状态,"1"对应于失效状态。对于其他单元,它们一开始处于温备份状态,随后可能会切换到正常工作状态并面临失效的可能;或者一直处于温备份状态并可能在温备份状态下失效。考虑这两种可能,可以针对温备份单元给出两种二分决策图表示,如图 3-1(b)与(c)所示。其中,图 3-1(b)对应于单元 A_i 首先处于温备份状态(A_i^s),随后切换到正常工作状态(A_i^o)的情形(切换情形);图 3-1(c)对应于单元 A_i 一直处于温备份状态下的情形(未切换情形)。

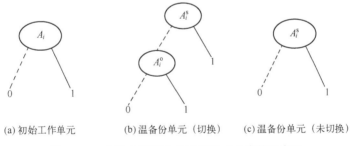

(a) 初始工作单元　　(b) 温备份单元(切换)　　(c) 温备份单元(未切换)

图 3-1　n 中取 k 系统中单元级的二分决策图表示

3.3 系统决策图的构造

考虑不完全故障覆盖效应,应当在决策图中显式地给出系统运行过程中每一种可能情形下的故障单元个数。根据单元级的二分决策图表示,可以如下迭代地得到系统的决策图表示。

步骤 1:从单元 A_1 的决策图表示开始构建系统决策图。

步骤2：设已将 $A_1,\cdots,A_{i-1}(2\leqslant i\leqslant k)$ 的二分决策图添加到构造的系统决策图中。假设某一分支的终值为 ξ_{i-1}，若 $\xi_{i-1}\leqslant n-k$，则将单元 A_i 的决策图添加到该分支，且新的分支的终值 ξ_i 等于原分支的终值 ξ_{i-1} 与新添加的单元级决策图的分支的终值之和；否则，不将 A_i 的决策图添加到该分支。

步骤3：设已将单元 $A_{i-1}(k+1\leqslant i\leqslant n)$ 的二分决策图添加到系统决策图中。考虑某一分支，设它的终值为 ξ_{i-1}，若 $\xi_{i-1}\leqslant n-k$ 且 $\xi_{i-1}>i-1-k$，则将单元 A_i 切换后的决策图(图3-1(b))添加到该分支；若 $\xi_{i-1}\leqslant i-1-k$，则添加图3-1(c)；若 $\xi_{i-1}>n-k$，则不向该分支添加决策图。

在系统决策图的构造过程中(步骤2和3)，若某一分支的终值 $\xi_{i-1}>n-k$，则表明相应路径对应的情形下系统中失效单元的个数超过了 $n-k$，可工作单元的数目小于 k，这时，不论 $A_i,\cdots,A_n$ 是否失效，系统总会故障。因此，这样的路径对应的情形对系统可靠度的计算没有贡献，无需继续展开这类路径。另外，在步骤3中，还要考虑 ξ_{i-1} 与 $(i-1-k)$ 的关系。若 $\xi_{i-1}>i-1-k$，即 $i-1-\xi_{i-1}<k$，则该路径上的 $(i-1)$ 个单元中工作单元的个数少于 k，因此，未失效的温备份单元需要切换至正常工作状态以替换失效的单元，此时添加图3-1(b)。否则，该路径上正常工作单元的个数等于 k，满足要求，温备份单元只可能处于温备份状态下，故添加单元未切换的决策图如图3-1(c)所示。

3.4　系统可靠度的计算

通过构造系统级的二分决策图，可枚举系统寿命历程中所有对应于"系统可靠"的单元工作、失效组合；相应地，系统可靠度等于所有对应于"系统可靠"的路径的发生概率之和。

假设某路径的终值为 ξ，即该路径中失效单元的个数为 ξ，则 ξ 个失效均能被正确地检测、隔离(能被覆盖)的概率为 $\prod_{r=1}^{\xi}c_r$。记该路径的原始发生概率为 $\Pr\{path\}$，则考虑不完全故障覆盖效应时该路径的发生概率为 $\prod_{r=1}^{\xi}c_r\times\Pr\{path\}$。这样，系统的可靠度即为

$$R_S(t)=\sum_{\xi\leqslant n-k}\prod_{r=1}^{\xi}c_r\Pr\{path\} \tag{3-1}$$

即所有失效单元个数不超过 $n-k$ 的路径的发生概率之和。根据系统级决策图的构造过程可知，每一路径中单元所处的状态以及温备份单元的切换与否均是明确表示的，因而可通过分析相应的单元失效组合概率计算每一路径的发生概率 $\Pr\{path\}$。下面，通过几个算例，说明基于二分决策图的温备份系统可靠度计算方法。

3.5 算例分析

3.5.1 一主一备温备份系统

首先考虑包含一个工作单元与一个温备份单元的温备份系统。假定初始工作单元 A_1 的寿命分布为 $F_1^o(t)$,温备份单元 A_2 在温备份状态与正常工作状态下的寿命分布分别为 $F_2^s(t)$ 与 $F_2^o(t)$(温备份状态与正常工作状态下的寿命分布没有联系)。根据 3.3 节给出的决策图构建方法,该 2 中取 1 温备份系统的决策图表示如图 3-2(a)所示。

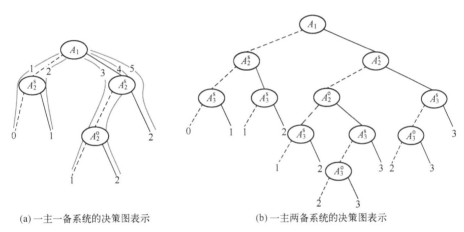

(a)一主一备系统的决策图表示　　　(b)一主两备系统的决策图表示

图 3-2　温备份系统的二分决策图

该温备份系统的决策图表示中共有 4 个节点,5 条路径。其中:

(1) 路径 1 对应于单元 A_1 与单元 A_2 一直未失效,总失效数为 0;

(2) 路径 2 对应于单元 A_1 未失效,而单元 A_2 在温备份状态下失效的情形,此时总失效数为 1(注意,单元 A_1 未失效时,单元 A_2 不可能切换至正常工作状态);

(3) 路径 3 对应于单元 A_1 失效,单元 A_2 由温备份状态切换至正常工作状态且未失效,总失效数为 1;

(4) 路径 4 对应于单元 A_1 失效,单元 A_2 切换至正常工作状态并在某一时刻失效,总失效数为 2;

(5) 路径 5 对应于单元 A_1 失效,而在此之前单元 A_2 已经在温备份状态下失效的情形,总失效数为 2。

可见,系统决策图包含了系统寿命历程中所有可能发生的单元失效组合。因此,可以根据系统决策图,获得系统工作的全部可能历程。

根据前文中的描述,该系统的可靠度由下式给出:

$$R_S(t) = \sum_{\xi<2} \prod_{r=1}^{\xi} c_r \Pr\{path\} = \Pr\{path1\} + c_1(\Pr\{path2\} + \Pr\{path3\})$$
$$= R_1(t)R_2^s(t) + c_1\Big((R_1(t)F_2^s(t) +$$
$$\int_0^t f_1(\tau)R_2^s(\tau)R_2^o(t-\tau)\mathrm{d}\tau\Big) \tag{3-2}$$

式中:$R_\#(\cdot) = 1 - F_\#(\cdot)$ 为单元的可靠度函数;$f_\#(\cdot)$ 为单元寿命的概率密度函数(Probability Density Function, PDF)。

若为提高系统的可靠度,在一主一备温备份系统里额外增加一个温备份单元 A_3,则可在原一主一备系统决策图基础上通过添加 A_3 的决策图构建三单元系统的决策图,如图3-2(b)所示。

记单元 A_3 在温备份状态与正常工作状态下的寿命分布分别为 $F_3^s(t)$ 与 $F_3^o(t)$,则根据式(3-1)可得系统的可靠度为

$$\begin{aligned}R_S(t) =& R_1(t)R_2^s(t)R_3^s(t) + \\& c_1\Big(R_1(t)R_2^s(t)F_3^s(t) + R_1(t)F_2^s(t)R_3^s(t) + \\& R_3^s(t)\int_0^t f_1(\tau)R_2^s(\tau)R_2^o(t-\tau)\mathrm{d}\tau\Big) + \\& c_1 c_2 \Big(R_1(t)F_2^s(t)F_3^s(t) + F_3^s(t)\int_0^t f_1(\tau)R_2^s(\tau)R_2^o(t-\tau)\mathrm{d}\tau + \\& \int_0^t \int_0^\tau f_1(u)R_2^s(u)f_2^o(\tau-u)R_3^s(\tau)R_3(t-\tau)\mathrm{d}u\mathrm{d}\tau + \\& \int_0^t f_1(\tau)F_2^s(\tau)R_3^s(\tau)R_3^o(t-\tau)\mathrm{d}\tau\Big)\end{aligned} \tag{3-3}$$

3.5.2 共享备份存储系统

考虑一个温备份存储系统,如图3-3所示[4]。系统中包含两个工作硬盘 A_1、A_2 与一个温备份硬盘 A_3。其中,A_3 可以在任一工作硬盘失效时切换至工作状态,以保证系统的正常运行。当某一硬盘失效时,系统需要正确地将该失效单元隔离,否则可能会导致整个系统的故障。

可见,该存储系统中至多可允许一个硬盘发生失效,即该系统实际上是一个3中取2系统。根据3.3节中的算法,可以建立该存储系统的二分决策图表示,如图3-4所示。

第3章 n 中取 k 温备份系统可靠性

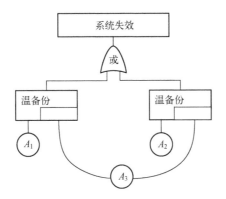

图 3-3 共享备份存储系统的故障树

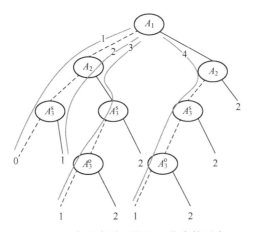

图 3-4 温备份存储系统的二分决策图表示

对于该 3 中取 2 系统,由于系统中最多允许一个单元失效,故系统可靠度为所有终值小于等于 1 的路径的发生概率(考虑不完全故障覆盖)之和,即

$R_s(t)=\ \Pr\{\text{path1}\}\ +c_1(\Pr\{\text{path2}\}\ +\Pr\{\text{path3}\}\ +\Pr\{\text{path4}\})$

$$= R_1(t)R_2(t)R_3^s(t) + c_1 \begin{pmatrix} R_1(t)R_2(t)F_3^s(t) + R_1(t)\int_0^t f_2(\tau)R_3^s(u)R_3^o(t-\tau)\mathrm{d}\tau + \\ R_2(t)\int_0^t f_1(\tau)R_3^s(\tau)R_3^o(t-\tau)\mathrm{d}\tau \end{pmatrix}$$

(3-4)

3.5.3 五单元温备份系统

考虑一个规模稍大的 5 中取 3 的温备份系统,如图 3-5 所示。同样利用 3.3 节中的方法,可构建得到该系统的二分决策图,如图 3-6 所示。为方便表示,此处

用 G_0、G_1 与 G_2 分别表示系统二分决策图中的 3 个子图。其中，G_0 对应于给定 3 个初始工作单元均未发生失效时两个温备份单元的可能情形；G_1 对应于给定 3 个初始工作单元中有一个单元失效时两个温备份单元的可能情形；G_2 对应于给定 3 个初始工作单元中有两个单元失效时两个温备份单元的可能情形。

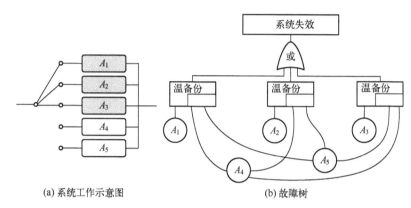

图 3-5 五单元双温备份系统的结构和故障树

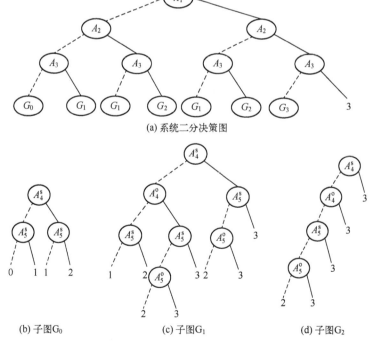

图 3-6 五单元双温备份系统的二分决策图表示

获得了温备份系统的二分决策图后,系统可靠度就可以表示为所有终值小于 3 的路径的发生概率之和(考虑不完全故障覆盖),即

$$R_s(t) = R_1(t)R_2(t)R_3(t)R_4^s(t)R_5^s(t) +$$

$$c_1 \left(\begin{array}{c} R_1 R_2(t) R_3(t) \sum_{i,j}^{\{1,2\}_P} F_i^s(t) R_j^s(t) + \\ R_5^s(t) \sum_{l,m,n}^{\{1,2,3\}_C} R_l(t) R_m(t) \int_0^t R_4^s(\tau) R_4^o(t-\tau) \, \mathrm{d}F_n(\tau) \end{array} \right) +$$

$$c_1 c_2 \left(\begin{array}{c} R_1(t) R_2(t) R_3(t) F_4^s(t) F_5^s(t) + \\ \sum_{\{l,m,n\}}^{\{1,2,3\}_C} R_l(t) R_m(t) \int_0^t F_4^s(\tau) R_5^s(\tau) R_5^o(t-\tau) \, \mathrm{d}F_n(\tau) + \\ \sum_{\{l,m,n\}}^{\{1,2,3\}_C} R_l(t) R_m(t) \int_0^t R_5^s(\tau) R_5^o(t-\tau) \int_0^\tau R_4^s(u) f_4^o(\tau-u) f_n(u) \mathrm{d}u \mathrm{d}\tau + \\ F_5^o(t) \sum_{\{l,m,n\}}^{C_{1,2,3}} R_l(t) R_m(t) \int_0^t R_4^s(u) R_4^o(t-\tau) \, \mathrm{d}F_n(\tau) + \\ \sum_{\{l,m,n\}}^{\{1,2,3\}_P} R_l(t) \int_0^t R_4^s(\tau) R_4^o(t-\tau) f_m(\tau) \int_\tau^t R_5^s(u) R_5^o(t-u) f_n(u) \mathrm{d}u \mathrm{d}\tau \end{array} \right)$$

(3-5)

式中:$\{1,2\}_P = \{\{1,2\},\{2,1\}\}$;$\{1,2,3\}_C = \{\{1,2,3\},\{2,3,1\},\{3,1,2\}\}$;$\{1,2,3\}_P = \{\{1,2,3\},\{1,3,2\},\{2,3,1\},\{2,1,3\},\{3,1,2\},\{3,2,1\}\}$。

设初始工作单元 A_1,A_2 和 A_3 的寿命是独立同分布的,均服从参数为 $m=1.5$,$\eta=100$ 的威布尔分布 $R_1(t)=\exp\{-(t/\eta)^m\}$。温备份单元 A_4 与 A_5 在温备份状态下和正常工作状态下的寿命也服从威布尔分布:$R_2^s(t)=\exp\{-(t/100)^2\}$,$R_2^o(t)=\exp\{-(t/50)^2\}$。表 3-1 给出了不同故障覆盖因子下不同时刻的系统可靠度。可见,故障覆盖因子对系统可靠度具有较为显著的影响,因此在系统可靠性建模时应加以考虑。

表 3-1 不同故障覆盖因子下不同时刻的系统可靠度

t	系统可靠度		
	$c_1=c_2=1$	$c_1=c_2=0.9$	$c_1=0.9,c_2=0.8$
30	0.9808	0.9239	0.8692
50	0.8553	0.7655	0.6813
70	0.5994	0.5171	0.4412

参考文献

[1] SHE J, PECHT M G. Reliability of a k-out-of-n warm-standby system[J]. Reliability IEEE Transactions on, 1992, 41(1):72-75.

[2] MYERS A F. k-out-of-n:G system reliability with imperfect fault coverage[J]. IEEE Transactions on Reliability, 2007, 56(3):464-473.

[3] AMARI S V, PHAM H, MISRA R B. Reliability characteristics of k-out-of-n warm standby systems[J]. IEEE Transactions on Reliability, 2012, 61(4):1007-1018.

[4] TANNOUS O, XING L, DUGAN J. Reliability analysis of warm standby systems using sequential BDD[C]//Annual Reliability and Maintainability Symposium (RAMS2011), Lake Buena Vista, Florida, USA,. Piscataway, NJ: IEEE,2011:1-7.

第4章

面向需求的温备份系统可靠性

先事虑事,先患虑患。

——《荀子·大略》

第3章针对不完全故障覆盖下的 n 中取 k 温备份系统,给出了基于二分决策图的系统可靠性建模方法。该方法以系统中的单元为建模对象,通过依次考虑每一单元的可能工作状态枚举所有可能的单元工作状态组合。这种建模方法的优点是系统二分决策图的构建相对简单;不足之处在于,尽管二分决策图中某一路径上对应的单元工作状态组合是明确的,但由于温备份工作状态切换的存在,使得同一种工作状态组合可能对应多种不同的失效序列,在计算某路径的发生概率时仍要针对不同的失效序列分别考虑其发生概率,系统可靠度的计算仍存在一定困难。为解决这一问题,本章以系统中的故障为建模对象,针对更一般的基于需求的温备份系统,给出基于多值决策图的系统可靠性建模方法。

4.1 系统描述

本章考虑的基于需求的温备份系统是一般 n 中取 k 系统的推广。仍假设系统中包含 n 个单元 $A_1,\cdots,A_n$,每一单元的寿命分布本身是独立的,且分布类型可以是任意的。这里,单元 A_i 在温备份状态与工作状态下的寿命分布可以利用2.1节中两种模型的任一种进行建模。

假设单元 $A_i(1\leqslant i\leqslant n)$ 在正常工作时有一名义能力 $w_i>0$,而系统的整体能力等于系统中所有工作单元的能力之和。假设系统的整体能力需满足某一给定的要求 d,当系统能力小于这一要求时,则认为系统故障。可见,若所有单元的名义能力相同 $(w_i=w)$,则当可工作单元数不小于 d/w 时,系统可正常工作。显然,此时系统就是

一个 n 中取 k 系统,其中 $k=\lceil d/w \rceil$,$\lceil x \rceil$ 表示不小于 x 的最小整数。因此,基于需求的温备份系统是 n 中取 k 温备份系统的推广。

假设在零时刻,单元 $A_1,\cdots,A_k$ 正常工作,其他单元处于温备份状态,有 $\sum_{i=1}^{k} w_i \geq d$。每当系统中的正常工作单元失效时,一个或多个温备份单元会切换到正常工作状态,以保证系统的整体能力不低于给定的要求 d。假设温备份单元依照其单元下标顺序切换:如果单元 A_i 未失效,则单元 A_j 不会先于 A_i 切换到正常工作状态($k<i<j\leq n$)。

这里考虑不完全故障覆盖的影响,并利用故障级覆盖模型进行建模。假设第一个故障以概率 c_1 被覆盖,第二个故障以概率 c_2 被覆盖,以此类推。当系统中发生未被覆盖的单元失效时,系统故障。

4.2 基于故障序列的决策图

在第3章基于二分决策图的建模方法中,建模对象为系统中每一个单元,建模思想是依次考虑每一单元的可能状态,得到所有单元工作/失效状态组合,即"第一个单元是否失效,第二个单元是否失效,……",并据此计算系统的可靠度。那么,是否有其他可获得系统所有可能工作情形的方法呢?注意,本章开头提到,依次考虑系统中每一单元的状态,最后将得到所有单元的工作状态组合。然而,在计算系统可靠度时,即使知道单元的工作状态组合,仍无法直接计算该组合对应的发生概率。这是因为在温备份系统中,温备份单元的状态不是二值的,它在温备份状态与工作状态下失效的发生概率是不同的,而工作状态的切换依赖于系统中其他工作单元的失效与否。因此,对于某一确定的失效组合,仍需进一步考虑不同的单元失效顺序以计算其发生概率。简言之,每一个单元状态组合可能对应多种故障序列,需要进一步分解才能计算特定单元状态组合的发生概率。因此,为什么不能以故障为建模对象,通过构造故障序列来计算系统可靠度呢?

考虑系统中的某一次故障。由于系统共包含 n 个单元,该故障可能由 n 个单元中任意一个单元失效引起。考虑 n 种可能情形,可利用一个多值决策图表示这一故障,如图4-1所示。该多值决策图包含 $n+1$ 个分支,从左至右的 n 个分支依次表示该故障对应的失效单元为 $A_1,\cdots,A_n$,而第 $n+1$ 个分支表示"故障发生"的对立事件,即该故障实际并未发生。从后文可见,设置最右分支是为了辅助系统级决策图的构造。另外,为区分工作状态下的单元失效与温备份状态下的单元失效,若单元 $A_j(k<j\leq n)$ 的失效发生于温备份状态,则第 j 分支上标记"s"。

对应每一分支,需要确定分支的终值。针对面向需求的温备份系统,故障级决策图中分支的终值应当反映故障发生对系统能力的影响。在图4-1中,由左至右前 n 个分支的终值为一个二元组 $(X_{i,1}, X_{i,2})(1\leq i\leq n)$。$X_{i,1}$ 与 $X_{i,2}$ 分别表示单元 A_i 的失效所造成的"实际系统能力损失"与"可用系统能力损失"。"实际系统能力损失"是指系统当前工作能力的降低水平,而"可用系统能力损失"则是指系统能够提供的总能力的降低水平。若单元 A_i 在失效时处于正常工作状态,则其失效会造成系统当前的实际能力与可用的总能力同时降低 w_i,因而 $X_{i,1}=X_{i,2}=w_i$。若单元 A_i 失效时处于温备份状态,由于它失效前并未参与系统的工作,其失效不会导致系统实际能力的下降,因此 $X_{i,1}=0$。然而,它的失效使得系统可用的冗余减少,系统的可用能力减小,因此 $X_{i,2}=w_i$。

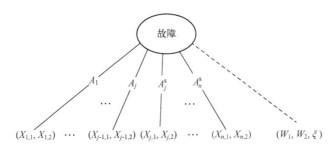

图4-1 基于需求的温备份系统中单个故障的多值决策图表示

最后,第 $n+1$ 个分支(最右分支)表示该故障实际并未发生。对应于这一情形,我们利用一个三元组 (W_1, W_2, ξ) 表示该分支对应的系统状态,其中 W_1 表示系统当前的实际能力,W_2 表示系统当前的可用能力,ξ 表示系统中已经失效的单元个数。这样,单个故障的多值决策图包含了系统中故障发生对应的所有可能情形及相关信息。

具体地,对于系统中的第一个故障(First Failure,FF),其多值决策图如图4-2所示。特别地,该决策图的最右分支对应于"系统中第一个故障并未发生"这一情形,其终值为 $W_1 = \sum_{i=1}^{k} w_i, W_2 = \sum_{i=1}^{n} w_i, \xi = 0$。即,在未发生任何故障时,系统的实际能力等于一开始工作的 k 个单元的能力之和,系统的可用能力等于所有单元的名义能力之和,而系统中的失效单元数则为0。简言之,最右分支对应于第一个单元失效前的系统状态。

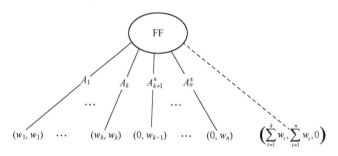

图 4-2 系统中第一个故障的多值决策图表示

对于系统中随后的故障,需要根据图 4-1 所示的一般故障的决策图进行裁剪、修改,以去除不必要的分支,并体现系统中温备份单元的切换。特别地,由于系统中第一个故障对应于 n 种可能的单元失效,不同情形下后续的第二个故障情形也是不同的,因此需要针对不同情形对第二个故障的决策图表示进行裁剪。具体地,对应于第一个故障的决策图中的第 $i(1 \leqslant i \leqslant n)$ 个分支,可根据下面 4 个步骤构造第二个故障的决策图。

步骤 1:移除第 i 个分支。在第一个故障的多值决策图表示中,第 i 个分支表示该分支对应的单元 A_i 作为系统中的第一个故障发生了。显然,该单元不可能同时作为第二个故障再次发生,故需要将该分支移除。

步骤 2:更新最右分支的终值:$W_1 = W_1 - X_{i,1}$,$W_2 = W_2 - X_{i,2}$。由于单元 A_i 作为第一个故障发生失效,系统的实际能力与可用能力均下降了,因此需要重新计算 W_1 与 W_2。如果更新后 $W_1 < d$,表示 A_i 的失效导致当前系统的实际能力小于要求值,则应当将未失效的温备份单元切换至正常工作状态以保证系统的正常运行。操作上,从左到右依次将"实际系统能力损失"为 0 的分支的 $X_{j,1}$ 变为对应单元的名义能力 w_j,并重新计算 $W_1 = W_1 + X_{j,1}$,直到 $W_1 \geqslant d$。这一操作对应于系统中温备份单元的切换过程。假设在这一过程中共有 r 个单元 $(A^s_{j_1}, \cdots, A^s_{j_r})$($1 \leqslant r \leqslant (n-k)$),切换至正常工作状态以替换失效的 A_i。为显式地表示这一过程,将该多值决策图的节点用"$A_i \rightarrow (A^s_{j_1}, \cdots, A^s_{j_r})$"表示;同时将对应于 $A^s_{j_1}, \cdots, A^s_{j_r}$ 的分支的标记改为 $A^o_{j_1}, \cdots, A^o_{j_r}$。另一方面,如果 $W_1 \geqslant d$,即 A_i 的失效并未造成系统的实际能力低于要求值,则不需要温备份单元切换至正常工作状态。例如,第 i 个分支对应于温备份单元,或者尽管该单元失效导致系统实际能力降低但系统仍能满足要求。此时,该多值决策图的节点直接用"A_i"或"A^s_i"表示。

步骤 3:删除决策图中的其他无用分支。对于决策图中的每一分支(不包括最右),试计算 $W_2 - X_{i,2}$。如果此值小于 d,意味着假如该分支对应的单元失效,系统将不会有足够的可用能力满足给定要求,则将该分支移除。

步骤4：更新最右分支的终值：$\xi=\xi+1$。对于第二个故障的决策图，其最右分支表示"第二个故障发生"的对立事件："第二个故障未发生"。因此，系统中仅发生一个故障，故有 $\xi=1$。

针对第一个故障的多值决策图中每一个分支，可通过上面 4 步构造对应的第二个故障的多值决策图表示。图 4-3 给出了第二个故障的决策图表示的示例。其中，图 4-3(a) 对应于"单元 A_1 发生失效且温备份单元 A_{k+1} 切换到正常工作状态"的情形。注意，此时 A_{k+1} 对应分支的终值变为 (w_{k+1},w_{k+1})，最右分支的终值变为 $W_1=\sum_{i=2}^{k+1}w_i$，$W_2=\sum_{i=2}^{n}w_i$，$\xi=1$。图 4-3(b) 对应于"温备份单元 A_{k+1} 作为第一个故障发生"的情形，此时最右分支的终值 W_1 并未变化，而 W_2 则变为 $\sum_{i=1,i\neq k+1}^{n}w_i$。

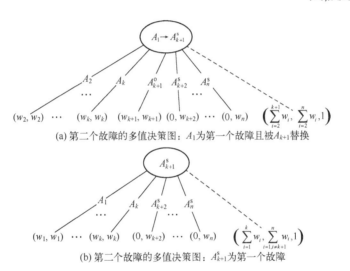

图 4-3 第二个故障的多值决策图示例

类似地，根据前面的 4 步规则，第 $l+1$（$2\leq l\leq n-1$）个故障的多值决策图可以基于第 l 个故障的多值决策图裁剪、修改获得。总结起来，故障级多值决策图的构造流程如图 4-4 所示。

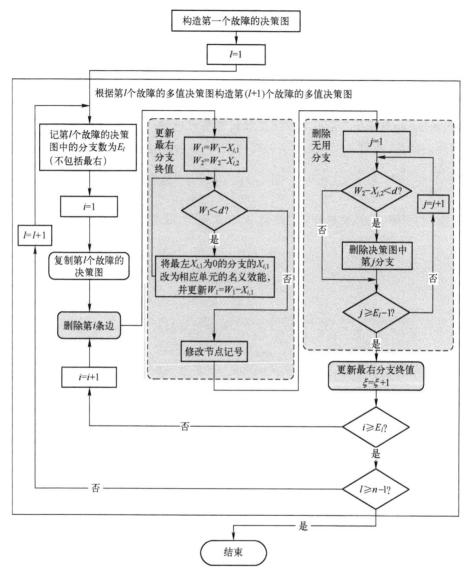

图 4-4 故障级多值决策图的构造方法

4.3 系统决策图的构造

根据故障级决策图可以构建系统级的多值决策图。事实上,系统级决策图的构建与故障级决策图的构造是同步进行的。根据前文中描述的故障级决策图构造方法,系统的多值决策图表示可以根据下面步骤迭代得到。

步骤1:构造第一个故障的多值决策图,$l=1$。

步骤2:根据第l个故障的多值决策图构造第$l+1$个故障的多值决策图并将其添加到相应的分支处。如果第$l+1$个故障的决策图仅包含一个分支,则根据构造规则可知该分支必为最右分支。注意某一故障级决策图的最右分支表示相应节点的对立事件,即该故障并未发生。若某故障级决策图仅剩一个分支,则对应路径无需进一步展开。由后文可知,可靠度计算时仅会用到故障数,因此可将该分支的终值(W_1,W_2,ξ)替换为ξ。

步骤3:$l=l+1$。

步骤4:如果$l\geq n$或所有第l个故障的决策图都只包含一个分支,则迭代停止并获得系统的多值决策图,否则回到步骤2。

为说明这一过程,考虑一个包含3个单元A_1,A_2和A_3的温备份系统。单元A_1,A_2和A_3的名义能力分别为1,2和3,对系统能力的要求是$d=3$。例如,一个电站共有3台发电机,其功率分别为1MW、2MW和3MW,而对电站的总功率需求是3MW。在任务开始时,单元A_1与A_2处于工作状态,单元A_3处于温备份状态。根据前述的构造方法,可得到故障级的决策图以及系统级的决策图,如图4-5所示。其中,图4-5(a)为第一个故障的决策图;图4-5(b)~(d)分别对应于A_1、A_2、A_3作为第一个故障时第二个故障的决策图;图4-5(e)与(f)为第3个故障的决策图。注意,此时决策图只有一条分支,表明系统中实际并未发生第三次故障。图4-5(g)为迭代获得的系统多值决策图。

4.4 系统可靠度推导

在图4-5(g)中,每一条路径均对应于系统能力满足要求的条件下系统可能出现的一种情形。最左侧的路径"$\{FF\}\to\{A_1\to A_3^s\}\to\{A_2\}\to\{2\}$"的对应情形是:系统中的第一个故障为单元$A_1$,其失效后被温备份单元$A_3^s$替换,随后$A_2$作为第二个故障发生;系统中的总故障单元数为2(且系统能力满足要求)。类似地,路径"$\{FF\}\to\{A_3^s\}\to\{1\}$"的对应情形是:单元$A_3$在温备份状态下作为系统中第一个故障发生了,随后并没有其他单元失效,系统中的故障单元数为1(且系统能力满足要求)。由此可见,温备份系统的多值决策图明确地给出了系统在能力满足要求的条件下所对应的所有可能失效序列,根据系统的多值决策图可以求得系统的可靠度。

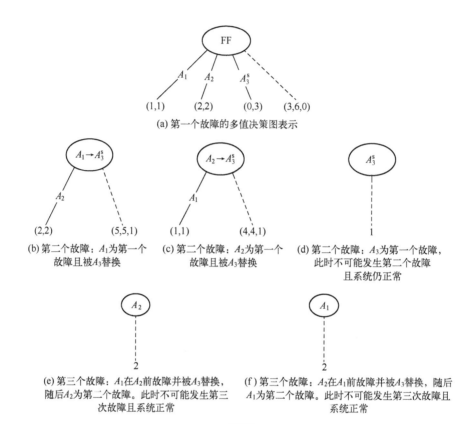
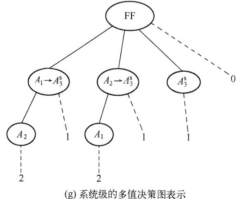

图 4-5 基于需求的温备份系统的多值决策图构造示例

4.4.1 系统级多值决策图中边的概率

为了获得系统的可靠度,需要计算多值决策图中每一路径的发生概率。仍以图 4-5(g)为例,首先考虑最左侧的路径"$\{FF\} \to \{A_1 \to A_3^s\} \to \{A_2\} \to \{2\}$"。考虑故障的不完全覆盖效应,该路径的发生概率为

$$\begin{aligned}
\Pr\{\text{Path}\} &= c_1 c_2 \int_{t_0}^{T} f_1(t_1) R_3^s(t_1) R_3^o(T-t_1) \mathrm{d}t_1 \cdot (F_2(T) - F_2(t_1)) \\
&= R_0(T) \times \frac{\int_{t_0}^{T} R_3^s(t_1) R_3^o(T-t_1) \mathrm{d}F_1(t_1)}{R_3^s(T) R_1(T)} \times \frac{\int_{t_1}^{T} \mathrm{d}F_2(t_2)}{R_2(T)} \times c_1 c_2
\end{aligned} \quad (4-1)$$

式中:T 为任务时间;$t_0=0$ 为任务起始时间;$f_i(\cdot)$,$F_i(\cdot)$,$R_i(\cdot)$ 分别为单元寿命的概率密度函数、累积分布函数与可靠度函数。

式(4-1)对该路径的发生概率进行了分解:$R_0(T) = R_1(T) R_2(T) R_3^s(T)$ 为一基本项,为系统中所有单元均不发生故障这一事件的概率;第二项 $\int_{t_0}^{T} R_3^s(t_1) R_3^o(T-t_1) \mathrm{d}F_1(t_1) / (R_3^s(T) R_1(T))$ 对应于指向节点"$\{A_1 \to A_3^s\}$"的边;第三项 $\int_{t_1}^{T} \mathrm{d}F_2(t_2) / R_2(T)$ 对应于指向节点"$\{A_2\}$"的边,而最后一项 $c_1 c_2$ 则对应于指向终端节点"$\{2\}$"的边。这样,该路径的发生概率就分解为路径上每条边对应的项以及因子 $R_0(T)$ 的乘积。

事实上,每一条路径的发生概率均可以这样分解;反之,每一条边对应的项的形式(权且称其为"边的发生概率")也有规律可循,由此可得到整个路径发生概率。观察发现,每一条边发生的概率仅取决于其指向的节点的类型,由4个元素确定:失效单元,替换该单元的温备份单元,失效单元的开始工作时间,失效单元的失效时间。

首先,根据每一节点对应的失效单元及替换单元,可将决策图中的节点细分为5类:"$\{A_i\}$""$\{A_i^s\}$""$\{A_i \to (A_{j_1}^s, \cdots, A_{j_r}^s)\}$""$\{A_i^o\}$"或"$\{A_i^o \to (A_{j_1}^s, \cdots, A_{j_r}^s)\}$"。其次,在决策图构建中,每一次故障均会引入一个新的失效时间 t_l。失效时间 t_l 的取值范围始于前一个单元失效的发生时间,终于 T。以图 4-5(g)中最左侧的路径为例,指向节点"$\{A_1 \to A_3^s\}$"的边的对应概率为 $\int_{t_0}^{T} R_3^s(t_1) R_3^o(T-t_1) \mathrm{d}F_1(t_1) / (R_1(T) R_3^s(T))$,其中 t_1(积分变量)即为第一个故障单元 A_1 的失效时间,它由节点"$\{A_1 \to A_3^s\}$"引入,取值范围为 (t_0, T)。对应于指向节点"$\{A_2\}$"的边,概率项 $\int_{t_1}^{T} \mathrm{d}F_2(t_2) / R_2(T)$ 中包含一个新的积分变量 t_2,它的取值范围为 (t_1, T),表示 A_2 的失效时间是在单

元 A_1 之后。可以看到,由故障引入的失效时间 t_l 是指向该节点的边对应的概率表达式中的积分变量。对于前三类节点"$\{A_i\}$""$\{A_i^s\}$"或"$\{A_i\rightarrow(A_{j_1}^s,\cdots,A_{j_r}^s)\}$",其对应的失效单元均是从零时刻($t_0=0$)开始工作的,因此可以不用特别考虑它们的开始工作时间。对于节点"$\{A_i^o\}$"或"$\{A_i^o\rightarrow(A_{j_1}^s,\cdots,A_{j_r}^s)\}$",它们的开始工作时间是指相应单元从温备份状态切换至正常工作状态的切换时间。由于该切换时间是不确定的,因此同时需要使用开始工作时间 t_{l_1} 与失效的时间 t_{l_2} 来描述对应的单元失效。

为在决策图中显式地记录每一节点中失效单元对应的失效时间,方便计算决策图中路径的发生概率,需要如下调整决策图中节点的表示方法。

(1) 对于节点"$\{A_i\rightarrow(A_{j_1}^s,\cdots,A_{j_r}^s)\}$",假设前一个单元失效引入的故障时间为 t_{l-1},由 A_i 的失效引入的新的故障时间为 t_l。为显式地表示 A_i 的故障时间,可将该节点重新表示为"$\{A_i\rightarrow(A_{j_1}^s,\cdots,A_{j_r}^s),t_l\}$"。指向这类节点的边的对应概率项为

$$\frac{\int_{t_{l-1}}^{T}\prod_{v=1}^{r}[R_{j_v}^s(t_l)R_{j_v}^o(T-t_l)]\mathrm{d}F_i(t_l)}{\prod_{v=1}^{r}R_{j_v}^s(T)\times R_i(T)} \quad (4\text{-}2)$$

(2) 对于节点"$\{A_i\}$"或"$\{A_i^s\}$",假设由上一个单元失效引入的故障时间为 t_{l-1},由 A_i 的失效引入新的故障时间为 t_l。为显式地表示 A_i 的失效时间,可将该节点重新表示为"$\{A_i,t_l\}$"或"$\{A_i^s,t_l\}$"。指向这类节点的边的对应概率项为

$$\frac{\int_{t_{l-1}}^{T}\mathrm{d}F_i(t_l)}{R_i(T)} \text{ 或 } \frac{\int_{t_{l-1}}^{T}\mathrm{d}F_i^s(t_l)}{R_i^s(T)} \quad (4\text{-}3)$$

(3) 对于节点"$\{A_i^o\}$",它对应于温备份单元切换至正常工作状态并在正常工作状态下失效的情形。它的开始工作时间即由备份状态切换正常工作状态时间,对应于某一个正常工作单元的失效时间 t_{l_1};同时,它的失效也会引入新的故障时间 t_{l_2},因此描述这一故障需要同时考虑 t_{l_1} 与 t_{l_2},故将该节点重新表示为"$\{A_i^o,(t_{l_1},t_{l_2})\}$"。指向该节点的边对应的概率项为

$$\frac{\int_{t_{l_2-1}}^{T}\mathrm{d}F_i^o(t_{l_2}-t_{l_1})}{R_i^o(T-t_{l_1})} \quad (4\text{-}4)$$

(4) 对于节点"$\{A_i^o\rightarrow(A_{j_1}^s,\cdots,A_{j_r}^s)\}$",描述这一故障同样需要失效单元的开始工作时间(切换时间)t_{l_1} 与失效时间 t_{l_2},因此将该节点重新表示为"$\{A_i^o\rightarrow(A_{j_1}^s,\cdots,$

$A_{j_r}^s$), $(t_{l_1},t_{l_2}]\}$"。指向这类节点的边对应的概率项为

$$\frac{\int_{t_{l_2-1}}^{T} \prod_{v=1}^{r} [R_{j_v}^s(t_{l_2}) R_{j_v}^o(T-t_{l_2})] \mathrm{d}F_i^o(t_{l_2}-t_{l_1})}{\prod_{v=1}^{r} R_{j_v}^s(T) \times R_i^o(T-t_{l_1})} \quad (4-5)$$

事实上,所有的节点均可以表示为如下标准型

$$\{A_i^* \to (A_{j_1}^s, \cdots, A_{j_r}^s), (t_{l_1}, t_{l_2}]\} \quad (4-6)$$

而相应的概率为

$$\frac{\int_{t_{l_2-1}}^{T} \prod_{v=1}^{r} [R_{j_v}^s(t_{l_2}) R_{j_v}^o(T-t_{l_2})] \mathrm{d}F_i^*(t_{l_2}-t_{l_1})}{\prod_{v=1}^{r} R_{j_v}^s(T) \times R_i^*(T-t_{l_1})} \quad (4-7)$$

式中:上标"$*$"可以为"s"或"o",或为空;r 可以为 0;t_{l_1} 可以为 $t_0=0$。这一表达式中,分子对应于这一情形的概率:单元 A_i 自 t_{l_1} 开始工作并于 (t_{l_2-1}, T) 间发生失效,同时 r 个温备份单元 $A_{j_1}, \cdots, A_{j_r}$ 由温备份状态切换至正常工作状态。分母对应于如下概率:单元 A_i 自开始工作至 T 均未故障且 r 个温备份单元 $A_{j_1}, \cdots, A_{j_r}$ 直至 T 时未失效。

根据以上描述,可以在构造故障级多值决策图时,同时考虑开始工作时间 t_{l_1} 与故障时间 t_{l_2} 的调整。这仅需在 4 步构造规则的第二步"修改节点记号"(图 4-4)时执行下面两步操作:

步骤 2-1:若该故障对应于某一已切换至正常工作状态的温备份单元,则需沿相应路径向上遍历找到其切换时间作为起始工作时间(该切换时间对应于被该单元替换的失效单元的失效时间);否则,起始工作时间为 t_0。

步骤 2-2:故障时间更新为 t_ξ。

最后,令指向终端节点"$\{\xi\}$"的边的对应概率项为 $\prod_{j=1}^{\xi} c_j$,表示相应路径上发生的 ξ 个单元故障均被正确地覆盖。同时,定义基本项 $R_0(T) = \prod_{i=1}^{k} R_i(T) \times \prod_{i=k+1}^{n} R_i^s(T)$。这样,每一路径的发生概率均可表示为该路径上所有边的对应概率项之积再乘以基本项 $R_0(T)$,而系统可靠度等于所有路径的发生概率之和。为说明决策图中的边与其所指向节点的对应关系,图 4-6 给出了图 4-5(g)中每一条边对应的概率项。由于系统可靠度等于所有路径的发生概率之和,而每条路径的发生概率等于其包含的所有边的对应概率项的乘积再乘以 $R_0(T)$,因而有

$$R_s(T) = R_1(T)R_2(T)R_3^s(T) \times$$

$$\begin{pmatrix} \dfrac{\int_{t_0}^{T} R_3^s(t_1)R_3^o(T-t_1)\mathrm{d}F_1(t_1)}{R_1(T)R_3^s(T)} \times \left(c_1c_2\dfrac{\int_{t_1}^{T}\mathrm{d}F_2(t_2)}{R_2(T)} + c_1\right) + \\ \dfrac{\int_{t_0}^{T} R_3^s(t_1)R_3^o(T-t_1)\mathrm{d}F_2(t_1)}{R_2(T)R_3^s(T)} \times \left(c_1c_2\dfrac{\int_{t_1}^{T}\mathrm{d}F_1(t_2)}{R_1(T)} + c_1\right) + \\ c_1\dfrac{\int_{t_0}^{T}\mathrm{d}F_3^s(t_1)}{R_3^s(T)} + 1 \end{pmatrix}$$

$$= R_1(T)R_2(T)R_3^s(T) + c_1 \begin{pmatrix} R_2(T)\int_{t_0}^{T} R_3^s(t_1)R_3^o(T-t_1)\mathrm{d}F_1(t_1) + \\ R_1(T)\int_{t_0}^{T} R_3^s(t_1)R_3^o(T-t_1)\mathrm{d}F_2(t_1) + \\ R_1(T)R_2(T)F_3^s(T) \end{pmatrix} +$$

$$c_1c_2 \begin{pmatrix} \int_{t_0}^{T} R_3^s(t_1)R_3^o(T-t_1)\mathrm{d}F_1(t_1)\int_{t_1}^{T}\mathrm{d}F_2(t_2) + \\ \int_{t_0}^{T} R_3^s(t_1)R_3^o(T-t_1)\mathrm{d}F_2(t_1)\int_{t_1}^{T}\mathrm{d}F_1(t_2) \end{pmatrix} \quad (4-8)$$

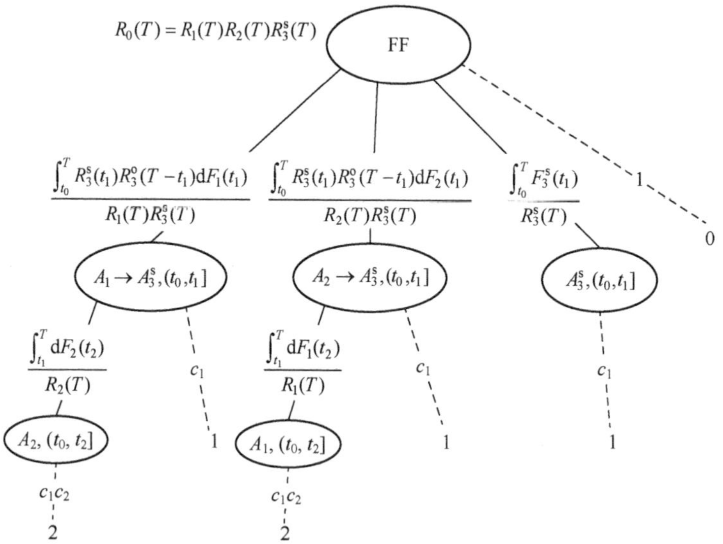

图 4-6 多值决策图中每一条边的发生概率示例

4.4.2 自下而上的系统可靠度算法

当系统的多值决策图建立后,可以通过合并相同子树来简化多值决策图:如果两个节点的子树具有相同的结构(即节点以及节点间的连接方式均相同),则只保留其中一个子树,并令两个节点共同指向这一子树。这种简化可行的原因在于,每一路径的发生概率是由该路径中所有边的对应概率项决定的,而每条边对应的概率项仅取决于其指向的节点。因此,即使删除了相同的子树,每一条边指向的节点并未改变,决策图仍包含同样多的信息。注意,节点相同是指 4 个元素(失效单元,切换的温备份单元,开始工作时间,故障时间)均相同。例如,节点"$A_2,(t_0,t_1)$"与"$A_2,(t_0,t_2)$"便不是相同的节点。

系统多值决策图的简化可缩小其规模,降低其所需的存储空间。基于多值决策图的特点,系统的可靠度可以通过一种"自下而上"的方式获得。定义多值决策图中某一节点的对应概率为

$$P_C\{\text{节点}\,i\} = \sum_{j\text{为}i\text{的子节点}} \Pr\{\text{指向节点}\,j\text{的边}\} \times P_C\{\text{节点}\,j\} \quad (4\text{-}9)$$

式中:$\Pr\{\text{指向节点}\,j\text{的边}\}$ 为指向节点 j 的边对应的概率项。可见,每一节点 i 的对应概率可按照其分支进行分解,使得该节点以下的子决策图的发生概率递归为更低层次子决策图的发生概率与相应分支发生概率的乘积之和。在递归的出口,定义终端节点"$\{\xi\}$"的对应概率为 $P_C\{\xi\}=1$。递归地,可以得到根节点的对应概率 $P_C\{FF\}$,而系统可靠度便等于 $P_C\{FF\}$ 与 $R_0(T)$ 之积。例如,通过合并子树,可将图 4-6 中的多值决策图进行简化,如图 4-7 所示。图中同时给出每一节点的对应概率。可见,顶点的对应概率与 $R_0(T)$ 的乘积即为不完全故障覆盖下系统的可靠度,其结果与式(4-8)是一致的。

4.4.3 系统多值决策图的规模

根据前述构造方法可知,所有对应于第 i 个故障的决策图共有不超过 $\prod_{j=n-i+1}^{n} j$ $= n!/(n-i)!$ 个分支(不包括最右分支)。因此,包括顶节点,系统决策图中的非终端节点最多有 $1 + \sum_{i=1}^{n-1} n!/(n-i)! = [n! \times (e-1)]$ 个,其中 $[x]$ 表示不超过 x 的最大整数。最坏情形下,多值决策图的节点数目是随系统中单元个数呈指数增长的。但是,对于大多数系统,多值决策图的规模显著低于指数型上界。例如,三单元温备份系统多值决策图的规模的上界为 $[3! \times (e-1)] = 10$,而图 4-7 中三单元温备份系统简化后的多值决策图共有 6 个非终端节点。

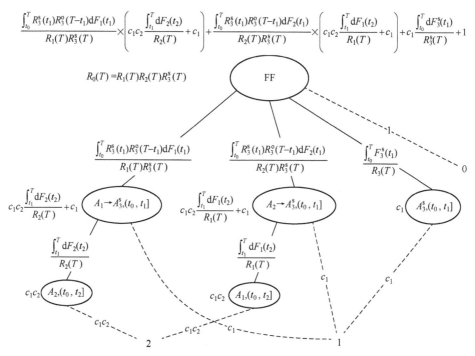

图4-7 多值决策图简化后的结构以及每一节点的累积发生概率示例

4.5 系统可靠度的数值计算

根据4.4节中的方法,系统级决策图中每一条边的发生概率均可以表示为如下标准型

$$\Pr\{\text{Path}\} = R_0(T) \times \prod_{j=1}^{\xi} c_j \times \int_{\Delta_T^\xi} g_{\text{path}}(t_1, \cdots, t_\xi) \mathrm{d}t_1 \cdots \mathrm{d}t_\xi \quad (4\text{-}10)$$

式中:ξ 为该路径对应的故障数;T 为任务时间;$\int_{\Delta_T^\xi} g_{\text{path}}(t_1, \cdots, t_\xi) \mathrm{d}t_1 \cdots \mathrm{d}t_\xi$ 为该路径上所有边的概率赋值的乘积。注意,每一个故障均会引入一个故障时间,因此,如果该路径对应"ξ"个失效单元,则共会引入 ξ 个失效时间 $t_1, \cdots, t_\xi$。每一故障的发生时间是随机的,但根据构造规则可知 ξ 个失效时间满足 $0<t_1<\cdots<t_\xi<T$。因此,积分区域应为 $\Delta_T^\xi = \{(t_1, \cdots, t_\xi) | 0<t_1<\cdots<t_\xi<T\}$,为一个 ξ 维单纯形的内部。

ξ 维被积函数 $g_{\text{path}}(t_1, \cdots, t_\xi)$ 可看作该路径的发生概率密度函数,根据4.4节中边的概率赋值可以获得。例如,图4-5(g)中最左侧路径的发生概率(式(4-1))可以重新调整为

$$\Pr\{\text{Path}\} = R_0(T) \times c_1 c_2 \times \int_{t_0}^{T} \int_{t_1}^{T} \frac{R_3^s(t_1) R_3^o(T-t_1) f_1(t_1)}{R_3^s(T) R_1(T)} \times \frac{f_2(t_2)}{R_2(T)} \mathrm{d}t_1 \mathrm{d}t_2$$

(4-11)

即该路径发生概率的密度函数为

$$g_{\text{path}}(t_1, t_2) = \frac{R_3^s(t_1) R_3^o(T-t_1) f_1(t_1)}{R_3^s(T) R_1(T)} \times \frac{f_2(t_2)}{R_2(T)}$$

此处,积分区域为二维单纯形 $\Delta_T^2 = \{(t_1, t_2) | 0 < t_1 < t_2 < T\}$。

与 4.4 节中的区别在于,式(4-11)显式地分离了积分算子、被积函数与积分区域,以一种更为规范化的形式给出了每一路径的发生概率。这样,若考虑所有指向终端节点"ξ"的路径,则它们对应情形发生的总概率即可表示为

$$R_0(T) \times \prod_{j=1}^{\xi} c_j \times \int_{\Delta_T^{\xi}} G_{\xi}(t_1, \cdots, t_{\xi}) \mathrm{d}t_1 \cdots \mathrm{d}t_{\xi} \quad (4-12)$$

其中

$$G_{\xi}(t_1, \cdots, t_{\xi}) = \sum_{\text{path指向终端节点}\xi} g_{\text{path}}(t_1, \cdots, t_{\xi})$$

为所有指向终端节点"ξ"的路径对应的概率密度。假设系统中最多可能发生 N_f 个故障,则系统的可靠度可以表示为如下标准型

$$R_S(T) = R_0(T) \times \left(1 + \sum_{\xi=1}^{N_f} \prod_{j=1}^{\xi} c_j \times \int_{\Delta_T^{\xi}} G_{\xi}(t_1, \cdots, t_{\xi}) \mathrm{d}t_1 \cdots \mathrm{d}t_{\xi}\right) \quad (4-13)$$

其中,指向终端节点"$\xi=0$"的路径的发生概率为 $R_0(T)$。在式(4-13)中,系统可靠度表示为一系列积分的和。其中,积分区域的形状是确定的,而被积函数则由所有指向对应终端节点的路径决定。若能够计算被积函数在任意给定点处 $(t_1, \cdots, t_{\xi})$ 的值,则可以利用数值积分方法计算相应的积分,获得给定任务时间 T 处的系统可靠度。

4.5.1 统决策图的分解

为使用数值积分方法计算系统可靠度,需要能够在给定点处 $(t_1, \cdots, t_{\xi})$ 计算被积函数 $G_{\xi}(t_1, \cdots, t_{\xi})$ 的值。为此,在获得系统级多值决策图后,可以依照下面步骤对系统级多值决策图进行分解,得到 N_f 个对应于特定故障数的子图 $\text{CMDD}_1, \cdots,$ CMDD_{N_f}。

步骤1:仅保留终端节点 ξ 并删除其他终端节点;
步骤2:自下而上遍历每一节点,并删除所有不包含子节点的节点;
步骤3:通过合并相同子树进一步简化所得决策图。

分解后的每一子图都对应着"系统中发生 ξ 个单元失效且故障被成功覆盖,系

统仍能正常工作"这一事件。举例来说,图 4-7 中的多值决策图可以分解成两个子图,其中每一个子图都只包含失效数相同的路径,如图 4-8 所示。

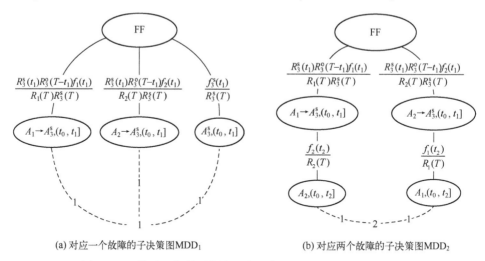

(a) 对应一个故障的子决策图MDD$_1$ (b) 对应两个故障的子决策图MDD$_2$

图 4-8 三单元温备份系统的系统多值决策图分解后的子决策图

4.5.2 决策图中边的重新赋值

对于分解后得到的子图 CMDD$_\xi$,为计算给定 $(t_1,\cdots,t_\xi)$ 时被积函数 $G_\xi(t_1,\cdots,t_\xi)$ 的数值,需要对 CMDD$_\xi$ 中边的概率进行重新赋值。针对式(4-6)中节点的标准型,相应的边的概率赋值变为

$$\frac{\prod_{v=1}^{r}[R_{j_v}^s(t_{l_2})R_{j_v}^o(T-t_{l_2})]f_i^*(t_{l_2}-t_{l_1})}{\prod_{v=1}^{r}R_{j_v}^s(T)\times R_i^*(T-t_{l_1})} \quad (4\text{-}14)$$

注意,此处的概率赋值实际上是一种概率密度。表 4-1 给出了指向不同节点的边的概率密度赋值。注意,对于某一子图 CMDD$_\xi$,所有路径均对应同一故障覆盖因子 $\prod_{j=1}^{\xi}c_j$,故将指向终端节点的边的概率密度赋值为 1。例如,图 4-8 中标出了分解后的子图中相应的边对应的概率密度。

对边的概率密度进行重新赋值后,与 4.4 节中一样,根据式(4-9)可以自下而上地得到顶点的概率密度 $G_\xi(t_1,\cdots,t_\xi)$。例如,对应于图 4-8(a) 中的决策图,相应顶点的概率密度为

$$G_1(t_1)=\frac{f_1(t_1)R_3^s(t_1)R_3^o(T-t_1)}{R_1(T)R_3^s(T)}+\frac{f_2(t_1)R_3^s(t_1)R_3^o(T-t_1)}{R_2(T)R_3^s(T)}+\frac{f_3^s(t_1)}{R_3^s(T)} \quad (4\text{-}15)$$

而图 4-8(b)中的决策图对应的顶点的概率密度则为

$$G_2(t_1,t_2) = \frac{f_1(t_1)R_3^s(t_1)R_3^o(T-t_1)f_2(t_2)}{R_1(T)R_3^s(T)} + \frac{f_2(t_2)R_3^s(t_1)R_3^o(T-t_1)f_1(t_2)}{R_2(T)R_3^s(T)} \cdot \frac{}{R_1(T)}$$

(4-16)

表 4-1 分解后的子决策图中每一类节点对应的概率密度

节点类型	指向该节点的边的概率密度
$A_i \to (A_{j_1}^s, \cdots, A_{j_r}^s), (t_0, t_l]$	$\dfrac{\prod\limits_{v=1}^{r}[R_{j_v}^s(t_l)R_{j_v}^o(T-t_l)]f_i(t_l)}{\prod\limits_{v=1}^{r}R_{j_v}^s(T) \times R_i(T)}$
$A_i, (t_0, t_l]$ 或 $A_i^s, (t_0, t_l]$	$\dfrac{f_i(t_l)}{R_i(T)}$ 或 $\dfrac{f_i^s(t_l)}{R_i^s(T)}$
$A_i^o, (t_{l_1}, t_{l_2}]$	$\dfrac{f_i^o(t_{l_2}-t_{l_1})}{R_i^o(T-t_{l_1})}$
$A_i^o \to (A_{j_1}^s, \cdots, A_{j_r}^s), (t_{l_1}, t_{l_2}]$	$\dfrac{\prod\limits_{v=1}^{r}[R_{j_v}^s(t_{l_2})R_{j_v}^o(T-t_{l_2})]f_i^o(t_{l_2}-t_{l_1})}{\prod\limits_{v=1}^{r}R_{j_v}^s(T) \times R_i^o(T-t_{l_1})}$
终端节点	1

4.5.3 系统可靠度的数值计算

考虑一个子图 CMDD_ξ,它包含的路径对应于系统在任务时间 T 内共发生 ξ 次单元失效且系统未故障的所有情形,相应的发生概率为

$$\Pr(T \mid \text{CMDD}_\xi) = R_0(T) \times \prod_{j=1}^{\xi} c_j \times \int_{\Delta_T^\xi} G_\xi(t_1,\cdots,t_\xi)\mathrm{d}t_1\cdots\mathrm{d}t_\xi \quad (4\text{-}17)$$

由于被积函数 $G_\xi(t_1,\cdots,t_\xi)$ 并不能显式获得,因此需要数值积分方法获得式(4-17)中的积分值。数值积分的思想是利用插值多项式近似被积函数,使得积分运算可表示成被积函数在插值点处取值的加权平均,即

$$\int_{\Delta_T^\xi} G_\xi(t_1,\cdots,t_\xi)\mathrm{d}t_1\cdots\mathrm{d}t_\xi \approx \alpha(\Delta_T^\xi)\sum_{j=1}^{m_0}w_j G_\xi(\boldsymbol{t}_j^\xi) \quad (4\text{-}18)$$

式中:$\alpha(\Delta_T^\xi)$ 是与积分区域大小有关的常数;$w_j(j=1,\cdots,m_0)$ 为权值;$\boldsymbol{t}_j^\xi = (t_{1,j},\cdots,t_{\xi,j})$ 则是取值点。

这里,积分区域 $\Delta_T^\xi = \{(t_1,\cdots,t_\xi) \mid 0<t_1<\cdots<t_\xi<T\}$ 为一 ξ 维单纯形,可根据文献[1]对式(4-17)进行数值积分。具体的计算步骤如下。

步骤1：给定积分精度 ε_0，最大采样点数 M，$f_{\text{eva}}=0$。

步骤2：令 $S_{\text{tmp}}=\Delta_T^\xi$，转到步骤7与8并得到相应的积分与误差的估计 Q_{tmp} 与 ε_{tmp}；若 $\varepsilon_{\text{tmp}}<\varepsilon_0$，则当前数值积分满足误差要求，返回 Q_k^0 并结束；否则转到下一步。

步骤3：$S=\{\Delta_T^\xi\}$，$Q=\{Q_{\text{tmp}}\}$，$E=\{\varepsilon_{\text{tmp}}\}$，$Q_S=Q_{\text{tmp}}$，$E_S=\varepsilon_{\text{tmp}}$。

步骤4：找出 E 中的最大者 ε_l，以及对应的 Q 中的元素 Q_l 和 S 中的元素 S_l；将 S_l 分割为两个单纯形 S_{l1} 与 S_{l2}，并分别转到步骤7与8，得到相应的积分与误差的估计 Q_{tmp}^1，$\varepsilon_{\text{tmp}}^1$ 与 Q_{tmp}^2，$\varepsilon_{\text{tmp}}^2$。

步骤5：$S=(S\setminus\{S_l\})\cup\{S_{l1},S_{l2}\}$，$Q=(Q\setminus\{Q_l\})\cup\{Q_{\text{tmp}}^1,Q_{\text{tmp}}^2\}$，$E=(E\setminus\{\varepsilon_l\})\cup\{\varepsilon_{\text{tmp}}^1,\varepsilon_{\text{tmp}}^2\}$，$Q_S=Q_S-Q_l+Q_{\text{tmp}}^1+Q_{\text{tmp}}^2$，$E_S=E_S-\varepsilon_l+\varepsilon_{\text{tmp}}^1+\varepsilon_{\text{tmp}}^2$。

步骤6：若 $E_S\leqslant\varepsilon_0$，则返回 Q_S 并结束；否则回到步骤4。

步骤7：根据积分规则在单纯形 S_{tmp} 内采取 m_0 个样本点 $t_1^\xi,\cdots,t_{m_0}^\xi$，计算 $G_\xi(t_j^\xi)$ ($j=1,\cdots,m_0$)，进而给出 S_{tmp} 上积分与误差的估计 Q_{tmp} 与 ε_{tmp}。

步骤8：$f_{\text{eva}}=f_{\text{eva}}+m_0$，若 $f_{\text{eva}}>M$，则返回当前 Q_S 与 E_S 并结束。

该算法中，步骤4中单纯形的分割方法、步骤7中计算 Q_{tmp} 用到的数值积分规则以及误差 ε_{tmp} 的估计具体可见文献[1,2]。注意到，步骤7中需计算 $G_\xi(t_j^\xi)$ 的值。由于给定 $t_j^\xi=(t_{1,j},\cdots,t_{\xi,j})$ 时路径上每一条边的概率密度都是具体的数值，因而可利用式(4-9)中自下而上的算法直接获得 $G_\xi(t_j^\xi)$。

4.5.4　系统可靠度的程序化计算方法

利用数值积分方法，可以获得 N_f 个子图 $\text{CMDD}_1,\cdots,\text{CMDD}_{N_f}$ 的发生概率，进而可以得到在给定时刻 T 处的系统可靠度

$$R_S(T)=R_0(T)+\sum_{\xi=1}^{N_f}\Pr(T\mid\text{CMDD}_\xi) \quad (4-19)$$

进一步地，可以同样利用数值积分方法获得系统的期望寿命及其他可靠性指标。例如，系统期望寿命可以利用如下的 m 点 Gaussian-Laguerre 积分公式得到

$$\text{MTTF}=\int_0^{+\infty}R_S(t)\mathrm{d}t\approx\sum_{j=1}^m w_j e^x R_S(t_j)$$

结合前文中的内容，总结可知，温备份系统的可靠度计算包括两大部分，即多值决策图的构建以及基于多值决策图的系统可靠度计算，其流程如图4-9所示。

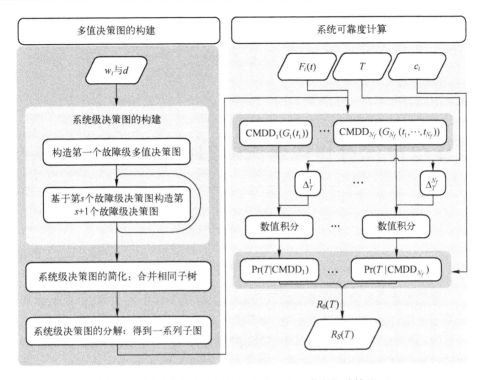

图 4-9 基于多值决策图的温备份系统可靠度的计算流程

参考文献

[1] GENZ A, COOLS R. An adaptive numerical cubature algorithm for simplices [J]. ACM Transactions on Mathematical Software (TOMS), 2003, 29(3): 297-308.
[2] BERNTSEN J, ESPELID T O. Error estimation in automatic quadrature routines [J]. ACM Transactions on Mathematical Software (TOMS), 1991, 17(2): 233-252.

第5章

考虑故障覆盖和切换失效的温备份系统可靠性

> 绵绵若存,用之不勤。
>
> ——《老子》

本章仍考虑含有温备份单元的冗余系统。与第3章不同的是,本章假设单元的故障覆盖机理是单元级故障覆盖,而不是故障级故障覆盖。此外,我们还考虑了切换失效的影响。采用的仍是基于多值决策图的方法[1-4]。我们将其进行扩展到能够研究序列相关性的情况,从而对考虑单元级故障覆盖的含有温备份单元的冗余系统进行建模。这个扩展的多值决策图方法叫做序列多值决策图(Sequence MDD,SMDD)方法。该方法适用于故障发生时间服从任意分布的温备份冗余系统的可靠性计算,并且可以考虑到故障覆盖以及切换失效的影响。

5.1 完美切换下的可靠性模型

首先考虑切换是完美的而故障可能会存在不完全覆盖时温备份系统的可靠性建模。传统的多值决策图在研究静态系统的可靠性时得到了广泛的应用。考虑到温备份单元的失效发生的时间相关性,需要对传统的多值决策图的建立和相应的评估方法进行修改。这里所提出的方法可分为三步:①变量的编码和动态故障树(Dynamic Fault Tree,DFT)的转换;②建立序列多值决策图;③评价序列多值决策图。

5.1.1 变量编码和动态故障树的转换

温备份单元的行为可用动态故障树中一个温备份门表示[1,4]。图5-1展示了含有n个温备份单元的温备份门,其中,P表示主单元,S_i表示温备份单元。所有未失效的温备份单元按照从左至右的顺序切换。

第 5 章 考虑故障覆盖和切换失效的温备份系统可靠性

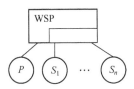

图 5-1 具有 n 个温备份单元的温备份门

对于系统中任意单元,考虑不完全故障覆盖效应,其失效可分为两种情形,即故障被覆盖的局部失效以及故障未覆盖引起的全局失效。当任意单元出现全局失效或所有单元发生局部失效时,系统故障。因此,温备份门可以用一个 OR 门替换。该 OR 门的输入为所有单元的全局失效和一个由 AND 门连接的所有单元的局域失效。温备份门进而转换为图 5-2 所示的故障树模型。对于含有多个非独立温备份门的动态故障树,故障树的转换需要包括序列基本事件。这一情形将在算例分析中讨论。下面介绍序列多值决策图中的主单元和温备份单元的编码。

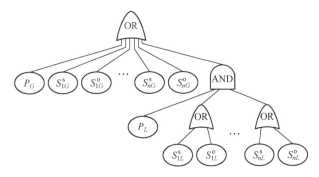

图 5-2 转换的动态故障树模型

每个主单元都对应于一个含有 3 种取值的变量,且该变量可用序列多值决策图中的一个节点表示。该节点有 3 个分支,见图 5-3。3 个分支分别表示主单元的 3 种不同的状态:工作状态(O),局部失效(L),故障未覆盖引起的全局失效(G)。

温备份单元的序列多值决策图如图 5-4 所示。温备份单元从温备份状态下较低的故障率 α 向工作状态下较高故障率 λ 的转变由两个节点 S^s 和 S^o 表示。

 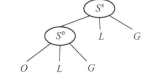

图 5-3 序列多值决策图中主单元的表示　　图 5-4 序列多值决策图中温备份单元的表示

5.1.2 序列多值决策图的建立

第二步是建立序列多值决策图。考虑到温备份单元失效发生的时间相关性,多值决策图的运算规则需要作如下改变。

规则1:对于主单元$P, P|_G \cdot Y = 1$,即在序列多值决策图建立过程中,如果主单元全局失效,则不管Y单元是什么单元处于什么状态,终值结点取值为"1"(系统故障);这里$P|_G$表示主单元全局失效。

规则2:对于一个子节点S,如果主单元不失效(值为0),那么$P|_0 \cdot S^s|_G = 1$,即如果备份单元在主单元失效之前全局失效,系统故障;这里$P|_0$表示主单元尚未失效,$S^s|_G$表示备份单元在备份状态下全局失效。

规则3:$P|_0 \cdot S^o|_G = 0$ 且 $S_i^o|_0 \cdot S_j^o|_G = 0 (i<j)$,即如果主单元不失效,则备份单元不可能在工作状态下发生失效。这里$S^o|_G$表示备份单元在工作状态下全局失效。

5.1.3 系统可靠度的计算

最后一步是根据系统的序列多值决策图计算系统的可靠度。与传统的多值决策图类似,系统的故障概率可以由序列决策图中所有指向"1"的路径的概率求和得到。这里,需要考虑单元的相关性。特别地,温备份单元的两种序列故障都要考虑:温备份单元在主单元之前失效($S_L^s \to P_L$)以及温备份单元替换主单元之后失效($P_L \to S_L^o$)。前者的概率可以表示为

$$\Pr\{S_L^s \to P_L\} = \int_0^t \int_0^{\tau_1} g_{P_L}^o(\tau_1) g_{S_L}^s(\tau_2) d\tau_2 d\tau_1 \qquad (5-1)$$

式中:$g_{P_L}^o(\tau_1) = f_{P_L}^o(\tau_1) R_{P_G}^o(\tau_1)$为主单元局部失效的概率密度函数,其中,$R_{P_G}^o(\tau_1) = 1 - F_{P_G}^o(\tau_1)$,$F_{P_G}^o(\tau_1) = \int_0^{\tau_1} f_{P_G}^o(\tau_3) \tau_3$。类似地,$g_{S_L}^s(\tau_2) = f_{S_L}^s(\tau_2) R_{S_G}^s(\tau_2)$为温备份单元局部失效的概率密度函数。

温备份单元的故障发生与其切换至完全工作状态的时间有关。注意,温备份单元的工作过程与步进应力加速寿命试验[5-6](Accelerated Lifetime Test, ALT)过程类似,其承受的工作应力在由备份状态切换至正常工作状态时会发生阶段性的变化。如2.1节提到的,可以采用加速失效时间模型[8](AFTM)或比例风险模型(PHM)对不同应力下的失效规律进行建模。加速失效时间模型假定不同应力下单元寿命呈比例关系,即$F^s(t) = F^o(\gamma t)$,这里$F^s(t)$、$F^o(t)$以及$0 < \gamma < 1$分别表示温备份状态的失效率、工作状态的失效率和加速系数。比例风险模型假定不同应力

下的失效率呈比例关系,即 $\lambda^s(t)=\varphi\lambda^o(t)$,也即 $F^s(t)=1-(1-F^o(t))^\varphi$,其中 φ 为比例系数。当基准失效时间服从威布尔分布时,比例风险模型与加速失效时间模型等价[10]。为衔接温备份状态与工作状态下的寿命,需要综合不同应力下的工作时间并得到整体的寿命情况。步进加速试验中,考虑载荷历史的3种常用模型为:损伤随机变量(TRV)[7],累积失效模型(CEM)[8,11]和损伤失效率(TFR)[5,9]。这里我们搭配使用加速失效时间模型与累积失效模型对温备份单元的寿命进行建模。这样,温备份在主单元失效后发生失效的概率为

$$\Pr\{P_L \to S_L^o\} = \int_0^t \int_{\tau_1}^t g_{P_L}^o(\tau_1) g_{S_L}^o(\tau_2-\tau_1+\gamma\tau_1)\left(1-\int_0^{\tau_1} f_S(\tau)d\tau\right)d\tau_2 d\tau_1$$
$$= \int_0^t \int_{\tau_1}^t g_{P_L}^o(\tau_1) g_{S_L}^o(\tau_2-\tau_1+\gamma\tau_1) R_S^s(\tau_1) d\tau_2 d\tau_1 \quad (5-2)$$

式中: $g_{S_L}^o(\tau_2-\tau_1+\gamma\tau_1)=f_{S_L}^o(\tau_2-\tau_1+\gamma\tau_1)\left(1-\int_{\tau_1}^{\tau_2}f_{S_G}^o(\tau_3-\tau_1+\gamma\tau_1)d\tau_3\right)$。$R_S^s(\tau_1)$ 的下标"S"中不带有子下标"L"或"G",表示同时考虑局部失效与全局失效时的可靠度,即 $R_S^s(\tau_1)=R_{S_L}^s(\tau_1)R_{S_G}^s(\tau_1)$。

式(5-1)和式(5-2)中的密度函数可以来自任意分布。当其为指数分布时,式(5-1)和式(5-2)可以写成

$$\Pr\{S_L^s \to P_L\} = \int_0^t \int_0^{\tau_1} \lambda_{P_L} e^{-\lambda_{P_L}\tau_1} e^{-\lambda_{P_G}\tau_1} \alpha_{S_L} e^{-\alpha_{S_L}\tau_2} e^{-\alpha_{S_G}\tau_2} d\tau_2 d\tau_1$$
$$= \int_0^t \int_0^{\tau_1} \lambda_{P_L} e^{-\lambda_P \tau_1} \alpha_{S_L} e^{-\alpha_S \tau_2} d\tau_2 d\tau_1 \quad (5-3)$$

$$\Pr\{P_L \to S_L^o\} = \int_0^t \int_{\tau_1}^t \lambda_{P_L} e^{-\lambda_{P_L}\tau_1} e^{-\lambda_{P_G}\tau_1} \lambda_{S_L} e^{-\lambda_{S_L}(\tau_2-\tau_1)} \cdot$$
$$\left(1-\int_{\tau_1}^{\tau_2} \lambda_{S_G} e^{-\lambda_{S_G}(\tau-\tau_1)} d\tau\right) e^{-\alpha_S \tau_1} d\tau_2 d\tau_1 \quad (5-4)$$
$$= \int_0^t \int_{\tau_1}^t \lambda_{P_L} e^{-\lambda_P \tau_1} \lambda_{S_L} e^{-\lambda_S(\tau_2-\tau_1)} e^{-\alpha_S \tau_1} d\tau_2 d\tau_1$$

式中: λ_{S_L} 和 λ_{S_G} 分别为温备份单元的备份状态下局部失效和全局失效的故障率,$\lambda_S=\lambda_{S_L}+\lambda_{S_G}$;$\alpha_{S_L}$ 和 α_{S_G} 分别为温备份单元工作状态下局部失效和全局失效的故障率,$\alpha_S=\alpha_{S_L}+\alpha_{S_G}$;$\lambda_{P_L}$ 与 λ_{P_G} 分别为主单元的局部故障率和全局故障率,$\lambda_P=\lambda_{P_L}+\lambda_{P_G}$。

为说明上述方法,考虑图5-5所示的三单元温备份传感器系统。这里,A 是主传感器,S_1 和 S_2 是备份传感器。备份传感器 $S_i(i=1,2)$ 在备份状

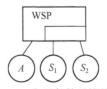

图5-5 一个温备份系统的例子

态与工作状态下的失效率分别为 α_i 与 λ_i，其中 $\lambda_i>\alpha_i$。根据前文中所述方法，该系统的可靠性建模计算如下进行。

首先，将动态故障树转化为逻辑门结构，得到该温备份系统的动态故障树，如图 5-6 所示。

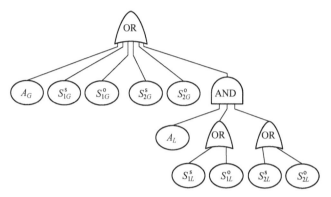

图 5-6　动态故障树

其次，分别建立各个单元的序列多值决策图，并根据单元的序列多值决策图得到系统的序列多值决策图，如图 5-7 所示。根据我们的规则，删除图中的无效节点（阴影节点），得到图 5-8 中最终的系统级决策图。

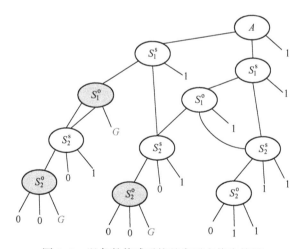

图 5-7　温备份传感系统的序列多值决策图

系统决策图中，终值为"1"的路径对应于导致系统故障的可能情形。在图 5-8 中，共有 15 条路径导致系统故障：

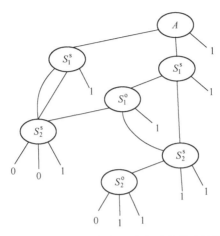

图 5-8　去掉无效节点后的序列多值决策图

1：A_G； 2：$A_L \sim S_{1G}^s$； 3：$A_L \sim S_{1L}^s \sim S_{2G}^s$；

4：$A_L \sim S_{1L}^s \sim S_{2L}^s$； 5：$A_L \sim S_{1L}^s \sim S_{2G}^o$； 6：$A_L \sim S_{1L}^s \sim S_{2L}^o$；

7：$A_L \sim S_{1L}^o \sim S_{2L}^s$； 8：$A_L \sim S_{1L}^o \sim S_{2G}^s$； 9：$A_L \sim S_{1L}^o \sim S_{2L}^o$；

10：$A_L \sim S_{1L}^o \sim S_{2G}^o$； 11：$A_L \sim S_{1G}^o$； 12：$A_L \sim \neg S_1 \sim S_{2G}^s$；

13：$\neg A \sim S_{1G}^s$； 14：$\neg A \sim S_{1L}^s \sim S_{2G}^s$； 15：$\neg A \sim \neg S_1^s \sim S_{2G}^s$。

其中，"$\sim$"表示某路径上的边。记 $S^s = S_L^s + S_G^s$，则第 3、4 条路径可以合并为 $A_L \sim S_{1L}^s \sim S_2^s$，第 7、8 条路径可以合并为 $A_L \sim S_{1L}^o \sim S_2^s$。类似地，令 $S^o = S_L^o + S_G^o$，则可将路径 5 和 6 合并为 $A_L \sim S_{1L}^s \sim S_2^o$，路径 9 和 10 合并为 $A_L \sim S_{1L}^o \sim S_2^o$。最后，路径 14 和 15 合并成 $\neg A \sim \neg S_{1G}^s \sim S_{2G}^s$。注意，在计算某路径的发生概率时要考虑单元的失效序列，而这可以通过温备份单元失效时所处的工作状态判定。若温备份单元在温备份状态下失效，则其失效发生于当前的工作单元之前；否则，其失效应当发生于当前的工作单元之后。例如路径 $A_L \sim S_{1G}^s$ 中，温备份单元在温备份状态下发生失效，则其失效时间应当在主工作单元前，失效序列为"$S_{1G}^s \to A_L$"；而在路径 $A_L \sim S_{1G}^o$ 中，温备份单元在工作状态下失效，失效序列应该为"$S_{1G}^o \to A_L$"。

合并后剩余 10 条路径，系统的故障概率即为这 10 条路径的发生概率之和：

$$\begin{aligned} F_S(t) = &\Pr\{A_G\} + \Pr\{S_{1G}^s \to A_L\} + \Pr\{(S_{1L}^s \wedge S_2^s) \to A_L\} \Pr\{S_{1L}^s \to A_L \to S_2^o\} + \\ &\Pr\{A_L \to S_{1L}^o \wedge S_2^s\} + \Pr\{A_L \to S_{1L}^o \to S_2^o\} + \\ &\Pr\{A_L \to S_{1G}^o\} + \Pr\{S_{2G}^s \wedge A_L\} \Pr\{\neg S_1\} + \\ &\Pr\{\neg A \wedge S_{1G}^s\} + \Pr\{\neg A\} \Pr\{\neg S_1^s\} \Pr\{S_{2G}^s\} \end{aligned} \quad (5-5)$$

式中："$\wedge$"表示逻辑"与"。令 T_A、$T_{S_{iL}}^s$、$T_{S_{iG}}^s$ 以及 $T_{S_i}^o$ 分别为单元 A、S_{iL}^s、S_{iG}^s 和 S_i^o 的故障

发生时间，令 $f_A(t)$、$f_{S_{iL}}^s(t)$、$f_{S_{iG}}^s$ 及 $f_{S_i}^o(t)$ 分别表示 T_A、$T_{S_{iL}}^s$、$T_{S_{iG}}^s$ 以及 $T_{S_i}^o$ 的 PDF。根据式 (5-1) 和式 (5-2)，我们可以得到

$$\Pr\{S_{1G}^s \to A_L\} = \int_0^t \int_0^{\tau_1} g_{A_L}^o(\tau_1) f_{S_{1G}}^s(\tau_2) \mathrm{d}\tau_2 \mathrm{d}\tau_1,$$

$$\Pr\{(S_{1L}^s \wedge S_2^s) \to A_L\} = \int_0^t \int_0^{\tau_1} \int_0^{\tau_1} g_{A_L}^o(\tau_1) g_{S_{1L}}^s(\tau_2) f_{S_2}^s(\tau_3) \mathrm{d}\tau_3 \mathrm{d}\tau_2 \mathrm{d}\tau_1$$

$$\Pr\{S_{1L}^s \to A_L \to S_2^o\} = \int_0^t \int_0^{\tau_1} \int_{\tau_1}^t g_{A_L}^o(\tau_1) g_{S_{1L}}^s(\tau_2) f_{S_2}^o(\tau_3 - \tau_1 + \gamma_{S_1}\tau_1)$$

$$\left(1 - \int_0^{\tau_1} f_{S_2}^s(\tau)\mathrm{d}\tau\right) \mathrm{d}\tau_3 \mathrm{d}\tau_2 \mathrm{d}\tau_1$$

(5-6)

同样地，我们可以得到

$$\Pr\{A_L \to S_{1L}^o \wedge S_2^s\} = \int_0^t \int_{\tau_1}^t \int_0^{\tau_2} g_{A_L}^o(\tau_1) g_{S_1}^o(\tau_2 - \tau_1 + \gamma_{S_1}\tau_1) \cdot$$

$$\left(1 - \int_0^{\tau_1} f_{S_1}^s(\tau)\mathrm{d}\tau\right) f_{S_2}^s(\tau_3) \mathrm{d}\tau_3 \mathrm{d}\tau_2 \mathrm{d}\tau_1$$

$$\Pr\{A_L \to S_{1L}^o \to S_2^o\} = \int_0^t \int_{\tau_1}^t \int_{\tau_2}^t g_{A_L}^o(\tau_1) g_{S_{1L}}^o(\tau_2 - \tau_1 + \gamma_{S_1}\tau_1) \left(1 - \int_0^{\tau_1} f_{S_1}^s(\tau)\mathrm{d}\tau\right) \cdot$$

$$f_{S_2}^o(\tau_3 - \tau_2 + \gamma_{S_1}\tau_2) \left(1 - \int_0^{\tau_2} f_{S_2}^s(\tau)\mathrm{d}\tau\right) \mathrm{d}\tau_3 \mathrm{d}\tau_2 \mathrm{d}\tau_1$$

(5-7)

$$\Pr\{A_L \to S_{1G}^o\} = \int_0^t g_{A_L}^o(\tau_1) \int_{\tau_1}^t f_{S_{1G}}^o(\tau_2 - \tau_1 + \gamma_{S_1}\tau_1)\left(1 - \int_0^{\tau_1} f_{S_1}^s(\tau)\mathrm{d}\tau\right) \mathrm{d}\tau_2 \mathrm{d}\tau_1$$

$$\Pr\{S_{2G}^s \wedge A_L\}\Pr\{\neg S_1\} = \int_0^t \int_0^t g_{A_L}^o(\tau_1)\mathrm{d}\tau_1 f_{S_{2G}}^s(\tau_3)\mathrm{d}\tau_3 \cdot$$

$$\left(1 - \int_0^{\tau_1} f_{S_1}^s(\tau_2)\mathrm{d}\tau_2\right)\left(1 - \int_{\tau_1}^t f_{S_1}^o(\tau_2 - \tau_1 + \gamma_{S_1}\tau_1)\mathrm{d}\tau_2\right)$$

$$\Pr\{\neg A \wedge S_{1G}^s\} = \int_0^t f_{S_{1G}}^s(\tau_2)\mathrm{d}\tau_2 \left(1 - \int_0^t f_A^o(\tau_1)\mathrm{d}\tau_1\right)$$

$$\Pr\{\neg A \wedge S_{2G}^s\}\Pr\{\neg S_1^s\} = \int_0^t f_{S_{2G}}^s(\tau_3)\mathrm{d}\tau_3 \left(1 - \int_0^t f_A^o(\tau_1)\mathrm{d}\tau_1\right)\left(1 - \int_0^t f_{S_1}^s(\tau_2)\mathrm{d}\tau_2\right)$$

利用式(5-5)~式(5-7)可以得到系统的故障概率

$$F_S(t) = \int_0^t f_{A_G}^o(\tau_1)\mathrm{d}\tau_1 + \int_0^t \int_{\tau_1}^t \int_{\tau_2}^t g_{A_L}^o(\tau_1) g_{S_{1L}}^o(\tau_2 - \tau_1 + \gamma_{S_1}\tau_1)\left(1 - \int_0^{\tau_1} f_{S_1}^s(\tau)\mathrm{d}\tau\right) \cdot$$

$$f_{S_2}^o(\tau_3 - \tau_2 + \gamma_{S_2}\tau_2)\left(1 - \int_0^{\tau_2} f_{S_2}^s(\tau)\mathrm{d}\tau\right)\mathrm{d}\tau_3 \mathrm{d}\tau_2 \mathrm{d}\tau_1 +$$

$$\int_0^t \int_0^{\tau_1} \int_0^{\tau_1} g_{A_L}^o(\tau_1) g_{S_{1L}}^s(\tau_2) g_{S_2}^s(\tau_3)\mathrm{d}\tau_3 \mathrm{d}\tau_2 \mathrm{d}\tau_1 +$$

$$\int_0^t \int_0^{\tau_1} \int_{\tau_1}^t g_{A_L}^o(\tau_1) g_{S_{1L}}^s(\tau_2) f_{S_2}^o(\tau_3 - \tau_1 + \gamma_{S_2}\tau_1)\left(1 - \int_0^{\tau_1} f_{S_2}^s(\tau)\mathrm{d}\tau\right)\mathrm{d}\tau_3 \mathrm{d}\tau_2 \mathrm{d}\tau_1 +$$

$$\int_0^t \int_{\tau_1}^t \int_0^{\tau_2} g_{A_L}^o(\tau_1) f_{S_1}^o(\tau_2 - \tau_1 + \gamma_{S_1}\tau_1)\left(1 - \int_0^{\tau_1} f_{S_1}^s(\tau)\mathrm{d}\tau\right) f_{S_2}^s(\tau_3)\mathrm{d}\tau_3\mathrm{d}\tau_2\mathrm{d}\tau_1 +$$

$$\int_0^t f_{S_{1G}}^s(\tau_2)\mathrm{d}\tau_2 \left(1 - \int_0^t f_A^o(\tau_1)\mathrm{d}\tau_1\right) + \tag{5-8}$$

$$\int_0^t g_{A_L}^o(\tau_1) \int_{\tau_1}^t f_{S_{1G}}^o(\tau_2 - \tau_1 + \gamma_{S_1}\tau_1)\left(1 - \int_0^{\tau_1} f_{S_1}^s(\tau)\mathrm{d}\tau\right)\mathrm{d}\tau_2\mathrm{d}\tau_1 +$$

$$\int_0^t f_{S_{2G}}^s(\tau_3)\mathrm{d}\tau_3\left(1 - \int_0^t f_A^o(\tau_1)\mathrm{d}\tau_1\right)\left(1 - \int_0^t f_{S_1}^s(\tau_2)\mathrm{d}\tau_2\right) +$$

$$\int_0^t \int_0^t g_{A_L}^o(\tau_1)\mathrm{d}\tau_1 f_{S_{2G}}^s(\tau_3)\mathrm{d}\tau_3\left(1 - \int_0^{\tau_1} f_{S_1}^s(\tau_2)\mathrm{d}\tau_2\right) \cdot$$

$$\left(1 - \int_{\tau_1}^t f_{S_1}^o(\tau_2 - \tau_1 + \gamma_{S_1}\tau_1)\mathrm{d}\tau_2\right) + \int_0^t g_{A_L}^o(\tau_1) \int_0^{\tau_1} f_{S_{1G}}^s(\tau_2)\mathrm{d}\tau_2\mathrm{d}\tau_1$$

为验证模型的正确性,我们也建立了系统的马尔可夫模型,如图 5-9 所示。假设各单元的寿命分布参数为 $\lambda_{A_L}=0.36$/天、$\lambda_{A_G}=0.04$/天、$\alpha_{S_{1G}}=0.02$/天、$\alpha_{S_{1L}}=0.18$/天、$\lambda_{S_{1G}}=0.03$/天、$\lambda_{S_{1L}}=0.27$/天、$\alpha_{S_{2G}}=0.01$/天、$\alpha_{S_{2L}}=0.09$/天、$\lambda_{S_{2G}}=0.03$/天、$\lambda_{S_{2L}}=0.27$/天。表 5-1 给出了序列多值决策图模型和马尔可夫模型的分析结果,可见,两种方法得到的结果完全一致。

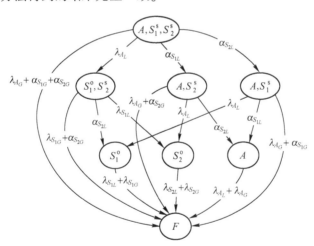

图 5-9 含有两个温备份单元的系统的马尔可夫模型

表 5-1 马尔可夫方法和序列多值决策图方法的结果

时间/天	马尔可夫模型	序列多值决策图模型
5	0.4781	0.4781
10	0.8386	0.8386
15	0.9587	0.9587

5.2 算例分析

5.2.1 并联存储系统

首先考虑一个硬盘驱动系统,如图 5-10 所示。其中,主单元 A、B 共用同一个温备份单元 S,当两个温备份门同时失效时系统故障。该系统的动态故障树如图 5-11 所示。记温备份单元在备份状态与工作状态下的失效率分别为 α_S 和 λ_S。图 5-11 中的"→"用来表示时间的发生顺序,比如 $A_L \to B_L$ 表示 A 发生局部失效后 B 发生局部失效。

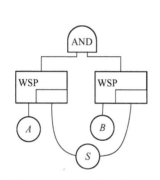
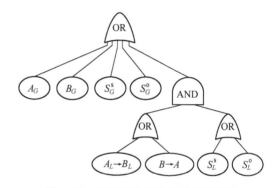

图 5-10 一个硬盘驱动系统　　　图 5-11 硬盘驱动系统的动态故障树

根据前文所述方法,可以获得系统的序列多值决策图,如图 5-12 所示。合并后共有 12 条导致系统故障的路径,如下:

1: A_G;　　　　　　2: $A_L \sim B_G$;　　　　　3: $A_L \to B_L \sim S^s$;
4: $A_L \to B_L \sim S^o$;　　5: $B_L \to A_L \sim S^s$;　　6: $B_L \to A_L \sim S^o$;
7: $A_L \sim \neg B \sim S_G^s$;　　8: $A_L \sim \neg B \sim S_G^o$;　　9: $\neg A \sim B_G$;
10: $\neg A \sim B_L \sim S_G^s$;　11: $\neg A \sim B_L \sim S_G^o$;　12: $\neg A \sim \neg B \sim S_G^s$。

其中,第 2、9 条路径可以进一步合并: $\neg A_G \sim B_G$。根据 5.1 节中步骤③可以计算各路径的发生概率。例如

$$\Pr\{A_L \to B_L \wedge S_1^s\} = \int_0^t \int_{\tau_A}^t \int_0^{\tau_A} g_{A_L}(\tau_A)\, g_{B_L}(\tau_B) f_S^s(\tau_S)\, \mathrm{d}\tau_S \mathrm{d}\tau_B \mathrm{d}\tau_A,$$
$$\Pr\{B_L \to A_L \wedge S_1^s\} = \int_0^t \int_{\tau_B}^t \int_0^{\tau_B} g_{B_L}(\tau_B)\, g_{A_L}(\tau_A) f_S^s(\tau_S)\, \mathrm{d}\tau_S \mathrm{d}\tau_A \mathrm{d}\tau_B \quad (5-9)$$

相应地,系统的故障概率即为

第 5 章　考虑故障覆盖和切换失效的温备份系统可靠性

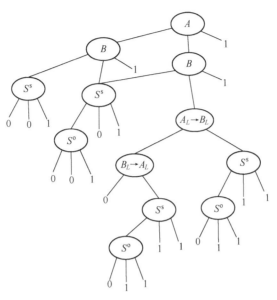

图 5-12　硬盘系统的最终序列多值决策树

$$F_S(t) = \int_0^t f_{A_G}^o(\tau_A) \mathrm{d}\tau_A + \left(1 - \int_0^t f_{A_G}^o(\tau_A) \mathrm{d}\tau_A\right) \int_0^t f_{B_G}^o(\tau_B) \mathrm{d}\tau_B +$$

$$\int_0^t g_{A_L}^o(\tau_A) \int_{\tau_A}^t g_{B_L}^o(\tau_B) \left[\int_0^{\tau_A} f_S^s(\tau_S) \mathrm{d}\tau_S + \right.$$

$$\left(1 - \int_0^{\tau_A} f_S^s(\tau_S) \mathrm{d}\tau_S\right) \int_{\tau_A}^t f_S^o(\tau_S - \tau_A + \gamma\tau_S) \mathrm{d}\tau_S \right] \mathrm{d}\tau_B \mathrm{d}\tau_A +$$

$$\int_0^t g_{B_L}^o(\tau_B) \int_{\tau_B}^t g_{A_L}^o(\tau_A) \left[\int_0^{\tau_B} f_S^s(\tau_S) \mathrm{d}\tau_S + \right.$$

$$\left(1 - \int_0^{\tau_B} f_S^s(\tau_S) \mathrm{d}\tau_S\right) \int_{\tau_B}^t f_S^o(\tau_S - \tau_B + \gamma\tau_S) \mathrm{d}\tau_S \right] \mathrm{d}\tau_A \mathrm{d}\tau_B + \quad (5\text{-}10)$$

$$\int_0^t g_{A_L}^o(\tau_A) \left(\int_0^{\tau_A} f_{S_G}^s(\tau_S) \mathrm{d}\tau_S + \left(1 - \int_0^{\tau_A} f_S^s(\tau_S) \mathrm{d}\tau_S\right) \cdot \right.$$

$$\left. \int_{\tau_A}^t f_{S_G}^o(\tau_S - \tau_A + \gamma\tau_S) \mathrm{d}\tau_S \right) \mathrm{d}\tau_A \left(1 - \int_0^t f_B^o(\tau_B) \mathrm{d}\tau_B\right) +$$

$$\int_0^t g_{B_L}^o(\tau_B) \left(\int_0^{\tau_B} f_{S_G}^s(\tau_S) + \left(1 - \int_0^{\tau_A} f_S^s(\tau_S) \mathrm{d}\tau_S\right) \int_{\tau_B}^t f_{S_G}^o(\tau_S - \tau_B + \gamma\tau_S) \mathrm{d}\tau_S \right) \mathrm{d}\tau_B \cdot$$

$$\left(1 - \int_0^t f_A^o(\tau_A) \mathrm{d}\tau_A\right) + \int_0^t f_{S_G}^s(\tau_S) \mathrm{d}\tau_S \left(1 - \int_0^t f_A^o(\tau_A) \mathrm{d}\tau_A\right) \left(1 - \int_0^t f_B^o(\tau_B) \mathrm{d}\tau_B\right)$$

当各单元寿命分布为指数分布时，可利用马尔可夫方法对所提方法进行验证。其中，马尔可夫模型如图 5-13 所示。假定系统中各单元失效率分别为 $\lambda_{A_L} = 0.09/$天、

$\lambda_{A_G}=0.01/$天、$\lambda_{B_L}=0.18/$天、$\lambda_{B_G}=0.02/$天、$\alpha_{S_G}=5\times10^{-3}/$天、$\lambda_{S_G}=0.03/$天、$\alpha_{S_L}=0.045/$天、$\lambda_{S_L}=0.27/$天,则不同时刻的系统可靠度如表 5-2 所列。可见,序列多值决策图方法与马尔可夫方法得到相同的结果。

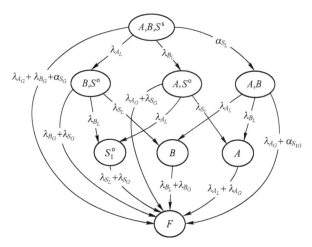

图 5-13 硬盘驱动系统的马尔可夫模型

表 5-2 两种方法下的系统故障概率

时间/天	马尔可夫模型	序列多值决策图模型
5	0.26885	0.26885
10	0.5755	0.5755
15	0.76815	0.76815

我们进一步考虑了单元寿命分布服从对数正态分布和威布尔分布的情形。对数正态分布的 PDF 具有如下形式:$f(x)=\dfrac{1}{x\sigma\sqrt{2\pi}}e^{-(\ln x-\mu)^2/2\sigma^2}$,其中 μ 和 σ 分别是对数期望和方差。威布尔分布的 PDF 形式为 $f(x)=(k/\lambda)(x/\lambda)^{k-1}e^{-(x/\lambda)^k}$,其中 k 和 λ 分别为形状和尺度参数。对于这两种情形,我们考虑如下的单元寿命分布参数以及加速因子。

- 对数正态情形下参数设置:$\mu_{A_L}^o=4, \mu_{A_G}^o=5, \mu_{B_L}^o=7.5, \mu_{B_G}^o=6, \mu_{S_G}^s=10, \mu_{S_G}^o=11, \mu_{S_L}^s=6, \mu_{S_L}^o=8.5, \sigma_{A_L}^o=4, \sigma_{A_G}^o=8, \sigma_B^o=7.5, \sigma_{S_G}^s=8, \sigma_{S_G}^o=8.8, \sigma_{S_L}^s=3, \sigma_{S_L}^o=6, \gamma_S=1$。

- 威布尔情形下参数设置:$k_{A_L}=k_{A_G}=2, k_{B_L}=k_{B_G}=0.9, k_{S_G}^s=k_{S_L}^s=1.1, k_{S_L}^s=k_{S_G}^o=0.9, \lambda_{A_L}=0.09/$天,$\lambda_{A_G}=0.01/$天,$\lambda_{B_L}=0.18/$天,$\lambda_{A_G}=0.02/$天,$\alpha_{S_G}=0.005/$天,$\lambda_{S_G}=0.02/$天,$\alpha_{S_L}=0.045/$天,$\lambda_{S_L}=0.02/$天,$\gamma_S=1$。

两种情形下,不同时刻的系统可靠度如表 5-3 所列。

表 5-3　不同时刻的系统故障概率

时间/天	对数正态分布	威布尔分布
5	0.68223	0.42994
15	0.71553	0.53229
25	0.78322	0.64678

5.2.2　串联存储系统

仍考虑一个三单元系统,系统结构如图 5-14 所示。与第一个算例不同的是,这里两个主单元为串联关系,当任意一个温备份门失效时系统故障。其中,主单元 A、B 共用同一个温备份单元 S。温备份单元 S 可能在 A,B 任意一个失效之前就失效,或者在 A 或者 B 失效之后取代失效单元进入工作状态。

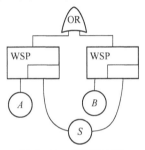

图 5-14　系统的结构

针对这一系统,相应的系统动态故障树如图 5-15 所示。利用多值决策图的传统规则以及 5.1 节所引入的新规则,可以自下而生地得到系统的序列多值决策图,如图 5-16 所示。

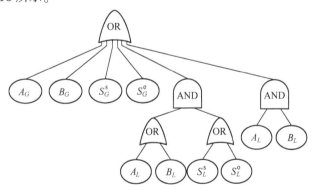

图 5-15　系统动态故障树

由序列多值决策图可见,对应系统故障的路径如下:

1: A_G;　　　　　　2: $A_L \sim B_G$;　　　　3: $\neg A \sim B_G$;

4: $A_L \sim B_L$;　　　5: $A_L \sim \neg B \sim S^s$;　　6: $A_L \sim \neg B \sim S^o$;

7: $\neg A \sim B_L \sim S^s$;　8: $\neg A \sim B_L \sim S^o$;　9: $\neg A \sim \neg B \sim S_G^s$。

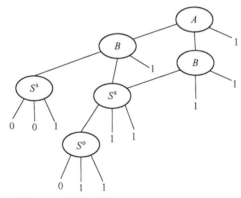

图 5-16 算例 2 中的系统序列多值决策图

其中,路径 2、3 可以进一步合并为 $\neg A_G \sim B_G$。根据各路径的发生概率可以得到系统的失效概率:

$$F_S(t) = \int_0^t f_{A_G}^o(\tau_A)\mathrm{d}\tau_A + \left(1 - \int_0^t f_{A_G}^o(\tau_A)\mathrm{d}\tau_A\right)\int_0^t f_{B_G}^o(\tau_B)\mathrm{d}\tau_B + \int_0^t g_{A_L}^o(\tau_A)\mathrm{d}\tau_A \int_0^t f_B^o(\tau_B)\mathrm{d}\tau_B +$$

$$\int_0^t g_{A_L}^o(\tau_A)\mathrm{d}\tau_A\left(1 - \int_0^{\tau_A} g_{B_L}^o(\tau_B)\mathrm{d}\tau_B\right)\left[\int_0^{\tau_A} f_S^s(\tau_S)\mathrm{d}\tau_S + \right.$$

$$\left.\left(1 - \int_0^{\tau_A} f_S^s(\tau_S)\mathrm{d}\tau_S\right)\int_{\tau_A}^t f_S^o(\tau_S - \tau_A + \gamma\tau_A)\mathrm{d}\tau_S\right]\mathrm{d}\tau_B\mathrm{d}\tau_A + \quad (5-11)$$

$$\int_0^t g_{B_L}^o(\tau_B)\mathrm{d}\tau_B\left(1 - \int_0^{\tau_B} g_{A_L}^o(\tau_A)\mathrm{d}\tau_A\right)\left[\int_0^{\tau_B} f_S^s(\tau_S)\mathrm{d}\tau_S + \right.$$

$$\left.\left(1 - \int_0^{\tau_B} f_S^s(\tau_S)\mathrm{d}\tau_S\right)\int_{\tau_B}^t f_S^o(\tau_S - \tau_B + \gamma\tau_B)\mathrm{d}\tau_S\right]\mathrm{d}\tau_A\mathrm{d}\tau_B +$$

$$\int_0^t g_{A_L}^o(\tau_A)\mathrm{d}\tau_A \int_0^t f_B^o(\tau_B)\mathrm{d}\tau_B + \left(1 - \int_0^t g_{A_L}^o(\tau_A)\mathrm{d}\tau_A\right)\left(1 - \int_0^t f_B^o(\tau_B)\mathrm{d}\tau_B\right)\int_0^t f_{S_G}^s(\tau_S)\mathrm{d}\tau_S$$

同样地,我们在指数情况下将序列决策图方法与马尔可夫方法(图 5-17)进行比较。其中,采用的单元寿命参数如下:

$\lambda_{A_L}=0.09/$天, $\lambda_{A_G}=0.01/$天, $\lambda_{A_L}=0.18/$天, $\lambda_{A_G}=0.02/$天,

$\alpha_{S_G}=5\times 10^{-3}/$天, $\lambda_{S_G}=0.03/$天, $\alpha_{S_L}=0.045/$天, $\lambda_{S_L}=0.27/$天

由表 5-4 可以看到,两种方法得到的结果完全一致。

表 5-4 所提出的方法以及马尔可夫方法得到的系统故障概率

时间/天	马尔可夫方法	所提方法
5	0.58841	0.58841
10	0.89532	0.89532
15	0.97669	0.97669

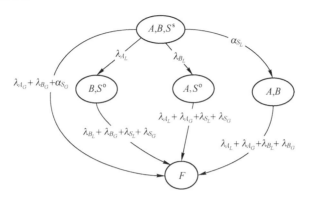

图 5-17 算例 2 的马尔可夫模型

5.3 切换失效的影响

前几章以及本章前两节中，均假设温备份单元的切换是完美的。事实上，切换可能会失效。这时，即使温备份单元仍可以工作，系统也会由于切换失效而失效。根据全概率公式，我们有

$$F_S = \Pr\{系统故障|切换正常\}\Pr\{切换正常\} + \Pr\{系统故障|切换失效\}\Pr\{切换失效\} \tag{5-12}$$

切换失效概率依赖于我们的切换模型。切换失效概率可以是和时间无关的常数或者与时间相关。为在序列多值决策图里表示切换失效，需要增加 n 个切换节点，其中，n 为温备份单元的数目。具体地，对每一个温备份单元，在备份状态节点 S_i^s 的未失效分支与工作状态节点 S_i^o 之间添加一个切换节点 S_i^{sw}，如图 5-18 所示。该切换节点包括两个分支，分别对应于切换成功或切换失效两种情形。显然，若切换失效，则正常工作单元失效后备份单元无法切换至工作状态，将可能导致系统故障。若切换未失效，则温备份单元在需要时可以切换至正常工作状态。

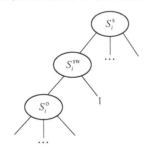

图 5-18 序列多值决策图中插入切换失效节点

以一个包含一个主单元与一个温备份单元的系统为例，图 5-19 给出了完美切

换下的序列多值决策图。

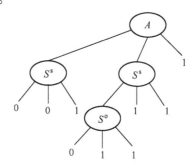

图 5-19　完美切换下的序列多值决策图

该例中,存在一个切换,因此当考虑不完美切换时,可以在 S_i^s 与 S_i^o 之间插入一个切换节点,如图 5-20 所示。

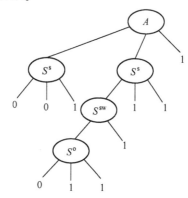

图 5-20　考虑了非完美切换的序列多值决策图

与完美切换情形相同,系统故障概率等于所有指向"1"的路径的概率之和。由图 5-20 可见,指向"1"的路径如下:

1: A_G;　　　　　　2: $A_L \sim S_L^s$;　　　　　　3: $A_L \sim S_G^s$;　　4: $A_L \sim S^{sw}$;

5: $A_L \sim \neg S^{sw} \sim S_L^o$;　6: $A_L \sim \neg S^{sw} \sim S_G^o(\lambda)$;　7: $\neg A \sim S_G^s$。

其中,路径 2、3 可合并为 $A_L \gg S^s$,路径 5、6 可合并为 $A_L \sim \neg S^{sw} \sim S^o$。系统的故障概率为

$$F_S(t) = \int_0^t g_{A_L}^o(\tau_1) \left(\int_0^{\tau_1} f_S^s(\tau_2) \mathrm{d}\tau_2 + \left(1 - \int_0^{\tau_1} f_S^s(\tau_3) \mathrm{d}\tau_3 \right) \int_0^{\tau_1} f_S^{sw}(\tau_4) \mathrm{d}\tau_4 + \right.$$
$$\left. \left(1 - \int_0^{\tau_1} f_S^{sw}(\tau_4) \mathrm{d}\tau_4 \right) \cdot \left(1 - \int_0^{\tau_1} f_S^s(\tau_3) \mathrm{d}\tau_3 \right) \int_{\tau_1}^t f_S^o(\tau_2 - \tau_1 + \gamma \tau_2) \mathrm{d}\tau_2 \right) \mathrm{d}\tau_1 + \quad (5\text{-}13)$$
$$\int_0^t f_{A_G}^o(\tau_1) \mathrm{d}\tau_1 + \int_0^t f_{S_G}^s(\tau_2) \mathrm{d}\tau_2 \left(1 - \int_0^t f_A^o(\tau_1) \mathrm{d}\tau_1 \right)$$

为验证所述方法,我们建立该系统的马尔可夫模型,如图5-21所示。假设系统两个单元的寿命分布参数为 $\lambda_{A_L}=0.18$/天、$\lambda_{A_G}=0.02$/天、$\alpha_{S_G}=0.005$/天、$\alpha_{S_L}=0.045$/天、$\lambda_{S_G}=0.01$/天、$\lambda_{S_L}=0.09$/天。假设切换失效也服从指数分布,相应的失效率为 $\lambda_{S_w}=0.01$/天。两种方法得到的不同时刻的系统故障概率如表5-5所列。可见,所提方法与马尔可夫方法的结果完全一致。

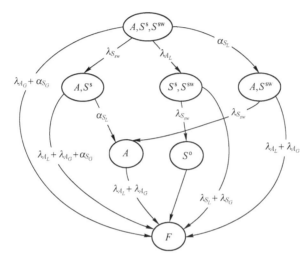

图5-21 切换失效情形下温备份系统的马尔可夫模型

表5-5 马尔可夫方法和所提方法得到的系统故障概率

时间/天	马尔可夫方法	所提方法
5	0.26451	0.26451
10	0.3475	0.3475
15	0.5793	0.5793

参考文献

[1] AKERS J,BERGMAN R,AMARI S V,et al. Analysis of multi-state systems using multi-valued decision diagrams [C]//Annual Reliability and Maintainability Symposium (RAMS2008),Las Vegas,NV. Piscataway,NJ: IEEE,2008:347-353.

[2] AMARI S V,XING L,SHRESTHA A,et al. Performability analysis of multistate computing systems using multivalued decision diagrams [J]. IEEE Transactions on Computers,2010,9(10): 1419-1433.

[3] XING L,DAI Y. A new decision diagram based method for efficient analysis on multi-state systems [J]. IEEE Transactions on Dependable and Secure Computing,2009,6(3): 161-174.

[4] XING L, LEVITIN G. Combinatorial algorithm for reliability analysis of multistate systems with propagated failures and failure isolation effect [J]. IEEE Transactions on Systems Man and Cybernetics-Part A: Systems and Humans, 2011, 41(6): 1156-1165.

[5] SOLOMON P. Effect of misspecification of regression models in the analysis of survival data [J]. Baometrzka, 1984, 71(2): 291-298.

[6] MISRA K B. Handbook of Performability Engineering[M]. London: Springer-Verlag, 2008.

[7] NELSON W. Accelerated life testing step-stress models and data analysis [J]. IEEE Transaction on Reliability, 1980, 29: 103-108.

[8] DEGROOT M, GOEL P. Bayesian estimation and optimal designs in partially accelerated life testing [J]. Naval Research Logistics Quarterly, 1979, 26: 223-235.

[9] NELSON W. Accelerated Testing: Statistical Models, Test Plans, and Data Analyses[M]. New York: Wiley & Sons, 1990.

[10] BHATTACHARYYA G, SOEJOETI Z. A tampered failure rate model for step-stress accelerated life test [J]. Communications in Statistics-Theory and Methods, 1989, 18(5): 1627-1643.

[11] AMARI S V, BERGMAN R. Reliability analysis of k-out-of-n load-sharing systems [C]//Annual Reliability & Maintainability Symposium (RAMS2008), LA, USA. Piscataway, NJ: IEEE, 2008: 440-445.

第6章

基于单元顺序调整的温备份系统可靠性优化

> 不愤不启,不悱不发。
>
> ——《论语·述而》

温备份系统中,单元的工作是有一定顺序的。初始时刻,主工作单元处于正常工作状态,以实现系统的功能。当主工作单元发生失效时,温备份单元才会切换至正常工作状态。那么,一个自然的问题便是,究竟让哪个单元作主工作单元、哪个单元作温备份单元呢?显然,如果所有单元是完全相同的,那么工作顺序对系统可靠性便没有影响。但当单元的可靠性存在区别时,就需要慎重考虑究竟不同的单元工作顺序是否会对系统的可靠性产生影响。

对于热备份系统,所有单元同时工作,不存在工作顺序的问题。对于冷备份系统,系统的寿命等于主工作单元与备份单元寿命的和。可见,即使系统内单元的可靠性存在差别,单元的工作顺序对系统的可靠性是没有影响的。但对于温备份系统,不同的单元工作顺序对系统可靠性会产生什么影响呢?

6.1 单元顺序对系统可靠性的影响

假设单元在正常工作状态下寿命的累积分布函数为 $F^o(t)$,温备份状态下寿命的累积分布函数为 $F^s(t)$。通常,由于温备份状态下的应力小于正常工作状态下的应力,同等时刻 $F^s(t)$ 总是小于 $F^o(t)$。此处利用加速失效时间模型(AFTM)[1,2] 刻画正常工作状态与温备份状态两种应力水平下单元寿命分布间的定量关系(见2.1节)。根据该模型,温备份状态与正常工作状态下的寿命分布函数满足

$$F^s(t) = F^o(\gamma(t)) \tag{6-1}$$

式中:$\gamma \in (0,1)$,为常数。式(6-1)表示,单元在温备份状态下生存到 t 时刻的老化程度等效于单元在正常工作状态下生存到 $\gamma(t)$ 时刻的程度,即与正常工作状态下

相比,单元在温备份状态下的生存时间相当于成比例扩张了。更一般地,两种应力水平下的寿命关系可由某一给定函数 $\gamma(t)$ 刻画:

$$F^s(t) = F^o(\gamma(t)) \tag{6-2}$$

式中: $\gamma(t) \leq t$,为单调非减函数, $\gamma(0) = 0$, $\lim_{t \to +\infty} \gamma(t) = +\infty$。

根据 2.1 节中描述,一个温备份单元首先会处于温备份状态,然后可能在某一时刻 τ 切换到正常工作状态。考虑 AFTM,该单元整个寿命历程的分布函数为

$$F(t) = \begin{cases} F^o(\gamma(t)) & (0 < t \leq \tau) \\ F^o(t - \tau + \gamma(\tau)) & (t > \tau) \end{cases} \tag{6-3}$$

即以正常工作状态为基准,温备份状态下经历时间 t 对应的虚拟寿命实际为 $\gamma(t)$。这样,在给定 $\gamma(t)$ 后,仅用正常工作状态下的寿命分布 $F^o(t)$ 就可以描述温备份单元的寿命特征。因此,本章后文中涉及的可靠度或寿命分布函数均指正常工作状态下的寿命函数,且不再加上标"o"进行区分。

不考虑故障的不完全覆盖,对于一个两单元温备份系统,其中 A_1 为初始工作单元, A_2 为温备份单元,系统的可靠度可以表示为

$$R_S^{1,2}(t) = \Pr\{A_1 \text{ 在 } t \text{ 时仍正常工作}\} + \Pr\{A_1 \text{ 在 } t \text{ 时已失效}, A_2 \text{ 在 } t \text{ 时仍正常工作}\}$$

$$= R_1(t) + \int_0^t R_2(t - \tau + \gamma(\tau)) f_1(\tau) d\tau \tag{6-4}$$

式中: $R_1(t)$ 与 $R_2(t)$ 分别是单元 A_1 与 A_2 的可靠度函数; $f_1(t)$ 为单元 A_1 寿命的概率密度函数; $R_S^{1,2}(t)$ 表示温备份系统的可靠度,其上标"1,2"表示该温备份系统的结构,即单元工作顺序是 A_1 先工作, A_2 后工作。直观地由系统可靠度的公式来看,单元 A_1 与 A_2 不具有对称性,即 $R_S^{1,2}(t)$ 通常不等于 $R_S^{2,1}(t)$。这意味着,温备份系统中不同的单元工作顺序会影响系统的可靠性。

本章针对最常见的 n 中取 1 温备份系统,研究单元工作顺序对系统可靠性的具体影响。首先,我们推导 n 中取 1 温备份系统的可靠度表达式。对于 2 中取 1 温备份系统,由式(6-4)可得该系统的累积分布函数为

$$F_S^{1,2}(t) = 1 - R_S^{1,2}(t) = \int_0^t F_2(t - \tau + \gamma(\tau)) f_1(\tau) d\tau \tag{6-5}$$

相应地,系统的概率密度函数为

$$\begin{aligned} f_S^{1,2}(t) &= F_2(\gamma(t)) f_1(t) + \int_0^t f_2(t - \tau + \gamma(\tau)) f_1(\tau) d\tau \\ &= f_1(t) - R_2(\gamma(t)) f_1(t) + \int_0^t f_2(t)(t - \tau + \gamma(\tau)) f_1(\tau) d\tau \end{aligned} \tag{6-6}$$

对于一个三单元的温备份系统,其中 A_1 为初始工作单元, A_2, A_3 为温备份单元,系统的可靠度为

$$R_S^{1,2,3}(t) = \Pr\{A_1 \text{ 在 } t \text{ 时仍正常工作}\} +$$
$$\Pr\{A_1 \text{ 在 } t \text{ 时已失效}, A_2 \text{ 在 } t \text{ 时仍正常工作}\} +$$
$$\Pr\{A_1, A_2 \text{ 在 } t \text{ 时均已失效}, A_3 \text{ 在 } t \text{ 时正常工作}\}$$
$$= \Pr\{A_1, A_2 \text{ 中至少有一个还在正常工作}\} +$$
$$\Pr\{A_1, A_2 \text{ 在 } t \text{ 时均已失效}, A_3 \text{ 在 } t \text{ 时正常工作}\}$$
$$= R_S^{1,2}(t) + \int_0^t R_3(t - \tau + \gamma(\tau)) f_S^{1,2}(\tau) \mathrm{d}\tau \tag{6-7}$$
$$= R_1(t) + \int_0^t R_2(t - \tau + \gamma(\tau)) f_1(\tau) \mathrm{d}\tau +$$
$$\int_0^t R_3(t - \tau + \gamma(\tau)) f_1(\tau) \mathrm{d}\tau + \int_0^t R_3(t - \tau + \gamma(\tau))$$
$$\left(\int_0^\tau f_2(\tau - u + \gamma(u)) f_1(u) \mathrm{d}u - R_2(\gamma(\tau)) f_1(\tau) \right) \mathrm{d}\tau$$

式中:$f_2(t)$ 为单元 A_2 的概率密度函数;$R_3(t)$ 为单元 A_3 的可靠度函数。

根据上式,对于一般的 n 中取 1 温备份系统,其可靠度可以由下面的递推关系式得到

$$R_S^{1,2,\cdots,n}(t) = R_S^{1,2,\cdots,(n-1)}(t) + \int_0^t R_n(t - \tau + \gamma(\tau)) f_S^{1,2,\cdots,(n-1)}(\tau) \mathrm{d}\tau \tag{6-8}$$

式中:$R_S^{1,2,\cdots,n}(t)$ 与 $R_S^{1,2,\cdots,(n-1)}(t)$ 分别为 n 中取 1 温备份系统的与 $(n-1)$ 中取 1 温备份系统的可靠度;$f_S^{1,2,\cdots,(n-1)}(t)$ 表示 $(n-1)$ 中取 1 温备份的概率密度函数;$R_n(t)$ 为单元 A_n 的可靠度函数。

根据 n 中取 1 温备份系统可靠度的递推公式,下面考虑不同单元工作顺序对不同系统可靠性指标的影响。

6.2 两单元温备份系统的最优单元工作顺序

首先考虑两单元温备份系统,针对两种最常用的可靠性指标,即系统期望寿命与系统可靠度,研究单元工作顺序对可靠性指标的影响,并指出最佳的单元工作顺序。

6.2.1 最大化系统期望寿命的单元工作顺序

首先考虑系统期望寿命这一指标。Cha 等[3]证明对于一个 2 中取 1 的温备份系统,如果两单元均服从指数分布且 AFTM 为线性,即 $\gamma(t) = \gamma t$,则当单元 A_1 的失效率 λ_1 大于单元 A_2 的失效率 λ_2 时,以 A_1 作为初始工作单元时的系统期望寿命

$E[T_S^{1,2}]$ 大于以 A_2 作为初始工作单元的系统期望寿命 $E[T_S^{2,1}]$，其中 T_S^* 表示结构为"$*$"时的系统寿命。这一结论表明，使用较差的单元作为初始工作单元可以获得较高的系统可靠性。下面证明，在更一般的条件下，即单元服从一般的连续分布而 AFTM 为非线性时，该结论仍然成立。

定理 6.1 假设 $\gamma(t)$ 严格单调递增，$\gamma(0)=0$，$\gamma(t)<t$，$\forall t>0$，$\lim\limits_{t\to+\infty}\gamma(t)=+\infty$。如果一个两单元温备份系统中，单元的失效率满足 $\lambda_1(t)>\lambda_2(t)$，$\forall t>0$，则有

$$E[T_S^{1,2}]>E[T_S^{2,1}]$$

证明：首先考虑 $E[T_S^{1,2}]$，这里

$$\begin{aligned}E[T_S^{1,2}]&=\int_0^{+\infty}R_S^{1,2}(t)\mathrm{d}t\\&=\int_0^{+\infty}\left(R_1(t)+\int_0^tR_2(t-u+\gamma(u))f_1(u)\mathrm{d}u\right)\mathrm{d}t\\&=\int_0^{+\infty}R_1(t)\mathrm{d}t+\int_0^{+\infty}\int_0^tR_2(t-u+\gamma(u))f_1(u)\mathrm{d}u\mathrm{d}t\\&=E[T_1]+\int_0^{+\infty}\int_0^{\gamma^{-1}(w)}R_2(w)f_1(v)\mathrm{d}v\mathrm{d}w\\&=E[T_1]+\int_0^{+\infty}R_2(w)F_1(\gamma^{-1}(w))\mathrm{d}w\\&=E[T_1]+E[T_2]-\int_0^{+\infty}R_2(w)R_1(\gamma^{-1}(w))\mathrm{d}w\quad(v=u,w=t-u+\gamma(u))\end{aligned}$$

(6-9)

式中：$\gamma^{-1}(\cdot)$ 表示 $\gamma(\cdot)$ 的反函数。注意，这里用到的变量代换为

$$\begin{pmatrix}v\\w\end{pmatrix}=\begin{pmatrix}u\\t-u+\gamma(u)\end{pmatrix}$$

其雅克比矩阵与相应的行列式分别为

$$\begin{pmatrix}1&0\\\gamma'(u)-1&1\end{pmatrix}\text{和}1$$

类似地，可以得到

$$E[T_S^{2,1}]=E[T_1]+E[T_2]-\int_0^{+\infty}R_1(w)R_2(\gamma^{-1}(w))\mathrm{d}w\quad(6\text{-}10)$$

比较式(6-9)与式(6-10)可见，如果 $R_2(w)R_1(\gamma^{-1}(w))<R_1(w)R_2(\gamma^{-1}(w))$ 对所有 $w>0$ 都成立，则 $E[T_S^{1,2}]>E[T_S^{2,1}]$ 成立。

根据基本关系式 $R(t)=\exp\left\{-\int_0^t\lambda(\tau)\mathrm{d}\tau\right\}$，可得

$$R_2(w)R_1(\gamma^{-1}(w)) < R_1(w)R_2(\gamma^{-1}(w))$$

$$\Leftrightarrow \frac{\exp\left\{-\int_0^{\gamma^{-1}(w)}\lambda_1(\tau)\mathrm{d}\tau\right\}}{\exp\left\{-\int_0^{w}\lambda_1(\tau)\mathrm{d}\tau\right\}} < \frac{\exp\left\{-\int_0^{\gamma^{-1}(w)}\lambda_2(\tau)\mathrm{d}\tau\right\}}{\exp\left\{-\int_0^{w}\lambda_2(\tau)\mathrm{d}\tau\right\}} \quad (6\text{-}11)$$

$$\Leftrightarrow \exp\left\{-\int_w^{\gamma^{-1}(w)}\lambda_1(\tau)\mathrm{d}\tau\right\} < \exp\left\{-\int_w^{\gamma^{-1}(w)}\lambda_2(\tau)\mathrm{d}\tau\right\}$$

$$\Leftrightarrow \int_w^{\gamma^{-1}(w)}\lambda_1(\tau)\mathrm{d}\tau > \int_w^{\gamma^{-1}(w)}\lambda_2(\tau)\mathrm{d}\tau$$

由于 $\gamma(t)$ 为一严格单调递增函数($\gamma(t)<t$),因此 $w<\gamma^{-1}(w)$。又已知 $\lambda_1(t)>\lambda_2(t)$,因此 $\int_w^{\gamma^{-1}(w)}\lambda_1(\tau)\mathrm{d}\tau > \int_w^{\gamma^{-1}(w)}\lambda_2(\tau)\mathrm{d}\tau$ 成立。证毕。

例 6.1 假设单元 A_1 与 A_2 的失效率分别为 $\lambda_1(t)=0.01+2\times10^{-4}t$ 与 $\lambda_2(t)=2\times10^{-4}t$,$\gamma(t)=0.5t$。可以得到 $E[T_S^{1,2}]=117.671$,$E[T_S^{2,1}]=111.862$。显然,将差的单元 A_1 用作初始工作单元将提高系统的期望寿命。

6.2.2 最大化系统可靠度的单元工作顺序

首先考虑一个单元服从指数分布的 2 中取 1 温备份系统。作为定理 6.1 的一个特例,当 AFTM 为线性,即 $\gamma(t)=\gamma t(0<\gamma<1)$ 时,可以得到下面的定理 6.2。定理 6.2 需要下面的引理 6.1,此处先给出此引理。

引理 6.1 函数

$$h(x) = \frac{x(1-x^{n-2})}{1-x^n} = \frac{x-x^{n-1}}{1-x^n} \quad (n \geq 3)$$

为 $(0,1)$ 上的严格单调递增函数。

证明: 函数 $h(x)$ 的导函数为

$$\frac{\mathrm{d}h(x)}{\mathrm{d}x} = \frac{1-x^{2n-2}-(n-1)x^{n-2}(1-x^2)}{(1-x^n)^2}$$

其中,

$$1 - x^{2n-2} - (n-1)x^{n-2}(1-x^2)$$

$$= (1-x^2)\sum_{k=0}^{n-2}(x^2)^k - (1-x^2)(n-1)x^{n-2}$$

$$= (1-x^2)(n-1)\left(\frac{1}{n-1}\sum_{k=0}^{n-2}(x^2)^k - x^{n-2}\right)$$

根据算术平均与几何平均不等式,有

$$\frac{1}{n-1}\sum_{k=0}^{n-2}(x^2)^k \geq \Big(\prod_{k=0}^{n-2}(x^2)^k\Big)^{\frac{1}{n-1}} = (x^{2\sum_{k=0}^{n-2}k})^{\frac{1}{n-1}} = x^{n-2}$$

且该不等式对 $x \in (0,1)$ 严格成立。因此 $\mathrm{d}h(x)/\mathrm{d}x > 0$ 对 $x \in (0,1)$ 成立，即 $h(x)$ 在 $(0,1)$ 上严格单调递增。

定理 6.2 设 ATFM 为线性函数 $\gamma(t) = \gamma t, \gamma \in (0,1)$。对于单元服从指数分布的 2 中取 1 温备份系统，如果两个单元 A_1 与 A_2 的失效率满足 $\lambda_1 > \lambda_2$，则有

$$R_S^{1,2}(t) > R_S^{2,1}(t), \forall t > 0$$

证明：根据式 (6-4) 可得该 2 中取 1 温备份系统的可靠度为

$$R_S^{1,2}(t) = R_1(t) + \int_0^t R_2(t-\tau+\gamma\tau) f_1(\tau) \mathrm{d}\tau$$

$$= \mathrm{e}^{-\lambda_1 t} + \int_0^t \mathrm{e}^{-\lambda_2(t-\tau+\gamma\tau)} \cdot \lambda_1 \mathrm{e}^{-\lambda_1 \tau} \mathrm{d}\tau$$

$$\stackrel{\delta=1-\gamma}{\Longrightarrow} \mathrm{e}^{-\lambda_1 t} + \frac{\lambda_1 \mathrm{e}^{-(\lambda_1+\lambda_2)t}(\mathrm{e}^{\lambda_1 t} - \mathrm{e}^{\delta\lambda_2 t})}{\lambda_1 - \delta\lambda_2}$$

$$= \mathrm{e}^{-\lambda_1 t} + \frac{\lambda_1(\mathrm{e}^{-\lambda_2 t} - \mathrm{e}^{-\lambda_1 t - (1-\delta)\lambda_2 t})}{\lambda_1 - \delta\lambda_2}$$

式中：$\delta = 1-\gamma \in (0,1)$。

类似地，可以得到

$$R_S^{2,1}(t) = \begin{cases} \mathrm{e}^{-\lambda_2 t} + \dfrac{\lambda_2(\mathrm{e}^{-\lambda_1 t} - \mathrm{e}^{-\lambda_2 t - (1-\delta)\lambda_1 t})}{\lambda_2 - \delta\lambda_1} & (\lambda_2 \neq \delta\lambda_1) \\ \mathrm{e}^{-\lambda_2 t} + \lambda_2 t \cdot \mathrm{e}^{-\lambda_1 t} & (\lambda_2 = \delta\lambda_1) \end{cases}$$

下面分别针对 $\lambda_2 \neq \delta\lambda_1$ 与 $\lambda_2 = \delta\lambda_1$ 两种情形证明 $R_S^{1,2}(t) > R_S^{2,1}(t)$。

(1) $\lambda_2 \neq \delta\lambda_1$。

此时，下面的关系式成立：

$$R_S^{1,2}(t) > R_S^{2,1}(t)$$

$$\Leftrightarrow \mathrm{e}^{-\lambda_1 t} + \frac{\lambda_1(\mathrm{e}^{-\lambda_2 t} - \mathrm{e}^{-\lambda_1 t - (1-\delta)\lambda_2 t})}{\lambda_1 - \delta\lambda_2} > \mathrm{e}^{-\lambda_2 t} + \frac{\lambda_2(\mathrm{e}^{-\lambda_1 t} - \mathrm{e}^{-\lambda_2 t - (1-\delta)\lambda_1 t})}{\lambda_2 - \delta\lambda_1}$$

$$\Leftrightarrow \frac{\delta\lambda_1^2(\mathrm{e}^{\lambda_2 t} - \mathrm{e}^{\delta\lambda_2 t}) + \lambda_1\lambda_2(\mathrm{e}^{\delta\lambda_2 t} - \delta^2 \mathrm{e}^{\lambda_2 t})}{(\lambda_2 - \delta\lambda_1)(\lambda_1 - \delta\lambda_2)} < \quad (6-12)$$

$$\frac{\delta\lambda_2^2(\mathrm{e}^{\lambda_1 t} - \mathrm{e}^{\delta\lambda_1 t}) + \lambda_1\lambda_2(\mathrm{e}^{\delta\lambda_1 t} - \delta^2 \mathrm{e}^{\lambda_1 t})}{(\lambda_2 - \delta\lambda_1)(\lambda_1 - \delta\lambda_2)}$$

根据幂级数展开 $\mathrm{e}^x = \sum\limits_{n=0}^{+\infty} \frac{1}{n!} x^n$，有

$$\delta\lambda_1^2(e^{\lambda_2 t} - e^{\delta\lambda_2 t}) + \lambda_1\lambda_2(e^{\delta\lambda_2 t} - \delta^2 e^{\lambda_2 t})$$

$$= \delta\lambda_1^2\left(\sum_{n=0}^{\infty}\frac{1}{n!}((\lambda_2 t)^n - (\delta\lambda_2 t)^n)\right) +$$

$$\lambda_1\lambda_2\left(\sum_{n=0}^{\infty}\frac{1}{n!}((\delta\lambda_2 t)^n - \delta^2(\lambda_2 t)^n)\right)$$

$$= \sum_{n=0}^{\infty}\frac{1}{n!}t^n(\delta\lambda_1^2\lambda_2^n(1-\delta^n) + \lambda_1\lambda_2^{n+1}(\delta^n - \delta^2))$$

因此,有

$R_S^{1,2}(t) > R_S^{2,1}(t)$

$$\Leftrightarrow \frac{\delta\lambda_1^2(e^{\lambda_2 t} - e^{\delta\lambda_2 t}) + \lambda_1\lambda_2(e^{\delta\lambda_2 t} - \delta^2 e^{\lambda_2 t}) - \delta\lambda_2^2(e^{\lambda_1 t} - e^{\delta\lambda_1 t}) - \lambda_1\lambda_2(e^{\delta\lambda_1 t} - \delta^2 e^{\lambda_1 t})}{(\lambda_2 - \delta\lambda_1)(\lambda_1 - \delta\lambda_2)} < 0$$

$$\Leftrightarrow \frac{\sum_{n=0}^{\infty}\frac{1}{n!}t^n(\delta\lambda_1^2\lambda_2^n(1-\delta^n) + \lambda_1\lambda_2^{n+1}(\delta^n - \delta^2)) - \sum_{n=0}^{\infty}\frac{1}{n!}t^n(\delta\lambda_2^2\lambda_1^n(1-\delta^n) + \lambda_2\lambda_1^{n+1}(\delta^n - \delta^2))}{(\lambda_2 - \delta\lambda_1)(\lambda_1 - \delta\lambda_2)} < 0$$

$$\Leftrightarrow \frac{\sum_{n=3}^{\infty}\frac{1}{n!}t^n(\delta\lambda_1^2\lambda_2^n(1-\delta^n) + \lambda_1\lambda_2^{n+1}(\delta^n - \delta^2) - \delta\lambda_2^2\lambda_1^n(1-\delta^n) - \lambda_2\lambda_1^{n+1}(\delta^n - \delta^2))}{(\lambda_2 - \delta\lambda_1)(\lambda_1 - \delta\lambda_2)} < 0$$

$$\overset{k=\frac{\lambda_2}{\lambda_1}}{\Leftrightarrow} \frac{\sum_{n=3}^{\infty}\frac{1}{n!}t^n\lambda_1^n(\delta k^n(1-\delta^n) + k^{n+1}(\delta^n - \delta^2) - \delta k^2(1-\delta^n) - k(\delta^n - \delta^2))}{(k-\delta)(1-\delta k)} < 0$$

$$\Leftrightarrow \frac{\sum_{n=3}^{\infty}\frac{1}{n!}t^n\lambda_1^n\delta k(1-k^n)(1-\delta^n)\left(\frac{\delta(1-\delta^{n-2})}{1-\delta^n} - \frac{k(1-k^{n-2})}{1-k^n}\right)}{(k-\delta)(1-\delta k)} > 0$$

式中:$0 < k = \lambda_2/\lambda_1 < 1$。

根据引理 6.1,有

$$h(x) = \frac{x(1-x^{n-2})}{1-x^n} \quad (n \geq 3)$$

在 $x \in (0,1)$ 上是严格单调递增的,因此

$$\frac{\delta(1-\delta^{n-2})}{1-\delta^n} - \frac{k(1-k^{n-2})}{1-k^n} \sim \begin{cases} >0 & (\delta-k>0) \\ <0 & (\delta-k<0) \end{cases}$$

由此可得

$$\frac{\sum_{n=3}^{\infty}\frac{1}{n!}t^n\lambda_1^n\delta k(1-k^n)(1-\delta^n)\left(\frac{\delta(1-\delta^{n-2})}{1-\delta^n} - \frac{k(1-k^{n-2})}{1-k^n}\right)}{(k-\delta)(1-\delta k)} > 0 \quad (\forall t > 0)$$

即 $R_S^{1,2}(t) > R_S^{2,1}(t)$ ($\forall t > 0$) 在 $\lambda_2 \neq \delta\lambda_1$ 时成立。

(2) $\lambda_2 = \delta\lambda_1$。

若 $\lambda_2 = \delta\lambda_1$，则下式成立

$$R_S^{1,2}(t) > R_S^{2,1}(t)$$

$$\Leftrightarrow e^{-\lambda_1 t} + \frac{\lambda_1(e^{-\lambda_2 t} - e^{-\lambda_1 t - (1-\delta)\lambda_2 t})}{\lambda_1 - \delta\lambda_2} > e^{-\lambda_2 t} + \lambda_2 t e^{-\lambda_1 t}$$

$$\Leftrightarrow e^{-\lambda_1 t} + \frac{\lambda_1(e^{-\delta\lambda_1 t} - e^{-\lambda_1 t - (1-\delta)\delta\lambda_1 t})}{\lambda_1 - \delta^2\lambda_1} > e^{-\delta\lambda_1 t} + \delta\lambda_1 t e^{-\lambda_1 t} \quad (6\text{-}13)$$

$$\Leftrightarrow e^{\delta\lambda_1 t} + \frac{(e^{\lambda_1 t} - e^{\delta^2 \lambda_1 t})}{1 - \delta^2} > e^{\lambda_1 t} + \delta\lambda_1 t e^{\delta\lambda_1 t}$$

$$\Leftrightarrow (1 - \delta^2) e^{\delta\lambda_1 t} + \delta^2 e^{\lambda_1 t} - e^{\delta^2 \lambda_1 t} > (1 - \delta^2)\delta\lambda_1 t e^{\delta\lambda_1 t}$$

根据幂级数展开 $e^x = \sum_{n=0}^{+\infty} \frac{1}{n!} x^n$，有

$R_S^{1,2}(t) > R_S^{2,1}(t)$

$\Leftrightarrow (1 - \delta^2) e^{\delta\lambda_1 t} + \delta^2(e^{\lambda_1 t} - e^{\delta^2 \lambda_1 t}) > (1 - \delta^2)\delta\lambda_1 t e^{\delta\lambda_1 t}$

$\Leftrightarrow \sum_{n=0}^{\infty} \frac{1}{n!}(\lambda_1 t)^n ((1 - \delta^2)\delta^n + \delta^2 - \delta^{2n}) - \sum_{n=1}^{\infty} \frac{1}{n!}(\lambda_1 t)^n n(1 - \delta^2)\delta^n > 0$

$\Leftrightarrow \sum_{n=3}^{\infty} \frac{1}{n!}(\lambda_1 t)^n ((\delta^2 + \delta^n)(1 - \delta^n) - n(1 - \delta^2)\delta^n) > 0$

$\Leftrightarrow \sum_{n=3}^{\infty} \frac{1}{n!}(\lambda_1 t)^n \delta^2 (1 - \delta) \left((1 + \delta^{n-2}) \sum_{i=0}^{n-1} \delta^i - n(1 + \delta)\delta^{n-2}\right) > 0$

$\Leftrightarrow \sum_{n=3}^{\infty} \frac{1}{n!}(\lambda_1 t)^n \delta^2 (1 - \delta) \left(\sum_{i=0}^{n-1} \delta^i (1 - \delta^{n-1-i}) - \delta^{n-2} \sum_{i=0}^{n-1} (\delta^i - 1)\right) > 0$

$\Leftrightarrow \sum_{n=3}^{\infty} \frac{1}{n!}(\lambda_1 t)^n \delta^2 (1 - \delta) \left(\sum_{i=2}^{n-1} \delta^{n-1-i} (1 - \delta^{i-1})(1 - \delta^i)\right) > 0$

显然，给定 $\delta \in (0,1)$，上面关系式中最后一个不等式是成立的，即 $\sum_{n=3}^{\infty} \frac{1}{n!}(\lambda_1 t)^n \cdot \delta^2(1-\delta) \left(\sum_{i=2}^{n-1} \delta^{n-1-i}(1-\delta^{i-1})(1-\delta^i)\right) > 0$ ($\forall t > 0$)，因此 $R_S^{1,2}(t) > R_S^{2,1}(t)$ ($\forall t > 0$)。

最后，结合 $\lambda_2 \neq \delta\lambda_1$ 与 $\lambda_2 = \delta\lambda_1$ 两种情形下的结论，可知定理 6.2 成立。

根据定理 6.2 可知，对于一个单元服从指数分布的 2 中取 1 温备份系统，将差的单元作为初始工作单元可以得到更高的系统可靠度。由于 $R_S^{1,2}(t) > R_S^{2,1}(t)$ 可以推得 $E[T_S^{1,2}] > E[T_S^{2,1}]$，反之则不然，因此当已知 AFTM 为线性且单元寿命服从指

数分布时,定理 6.2 要强于定理 6.1。

例 6.2 假设 $\gamma(t) = 0.5t$。考虑一个两单元温备份系统,其中单元 A_1 与 A_2 的寿命均服从指数分布,失效率分别为 $\lambda_1 = 0.1$ 与 $\lambda_2 = 0.01$。则不同单元工作顺序下系统的可靠度函数如图 6-1 所示。可见,以单元 A_1 作为初始工作单元的系统可靠度总是高于以 A_2 作为初始工作单元的系统可靠度,表明先使用差的单元会得到更高的系统可靠度。

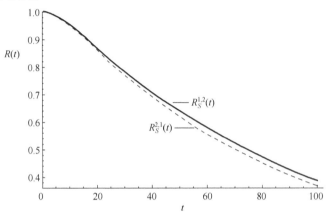

图 6-1　2 中取 1 温备份系统在不同单元工作顺序下的系统可靠度

6.3　多单元温备份系统的最优单元工作顺序

本节给出更一般的 n 中取 1 温备份系统的最优单元工作顺序。与 2 中取 1 温备份系统的最优单元工作顺序类似,这里分别考虑系统期望寿命与系统可靠度两种指标。

6.3.1　最大化系统期望寿命的单元工作顺序

假设已有一个 $(n-2)$ 中取 1 温备份系统,现在要为该系统增加 2 个温备份单元 A_{n-1} 与 A_n 以进一步提高系统的可靠性。这时就会有如下的最优配置问题:应当如何安排 2 个单元的工作顺序以最大化系统的期望寿命?下面的定理对这一问题进行了解答。

定理 6.3 假设函数 $\gamma(t)$ 满足 $\gamma'(t) = \mathrm{d}\gamma(t)/\mathrm{d}t \in (0,1)$, $\gamma(0) = 0$, $\lim\limits_{t \to +\infty} \gamma(t) = +\infty$。现向一个给定的 $(n-2)$ 中取 1 温备份系统添加 2 个温备份单元以得到一个 n 中取 1 系统。若所要添加的 2 个单元的失效率满足 $\lambda_{n-1}(t) > \lambda_n(t)$, $\forall t > 0$,则有
$$E[T_S^{1,\cdots,n-2,n-1,n}] > E[T_S^{1,\cdots,n-2,n,n-1}]$$
即首先使用失效率高的单元将获得更大的期望系统寿命。

证明:根据式(6-8)中的递推关系式,可以将$(n-2)$中取1系统看作一个单元,那么定理6.3成立当且仅当它对一个3中取1温备份系统成立。因此,仅需证明以上结论对3中取1温备份系统成立。

根据式(6-7)与式(6-9),有

$$
\begin{aligned}
E[T_S^{1,2,3}] &= E[T_S^{1,2}] + E[T_3] - \int_0^{+\infty} R_3(w) R_S^{1,2}(\gamma^{-1}(w)) dw \\
&= E[T_S^{1,2}] + E[T_3] - \int_0^{+\infty} R_3(\gamma(u)) R_S^{1,2}(u) d\gamma(u) \\
&= E[T_1] + E[T_2] - \int_0^{+\infty} R_2(w) R_1(\gamma^{-1}(w)) dw + E[T_3] - \\
&\quad \int_0^{+\infty} R_3(\gamma(u)) \left(R_1(u) + \int_0^u R_2(u-\tau+\gamma(\tau)) f_1(\tau) d\tau \right) d\gamma(u)
\end{aligned}
$$
(6-14)

$$
\begin{aligned}
&= E[T_1] + E[T_2] + E[T_3] - \int_0^{+\infty} R_2(\gamma(u)) R_1(u) d\gamma(u) - \\
&\quad \int_0^{+\infty} R_3(\gamma(u)) R_1(u) d\gamma(u) - \int_0^{+\infty} R_3(\gamma(u)) \cdot \\
&\quad \left(\int_0^u R_2(u-\tau+\gamma(\tau)) f_1(\tau) d\tau \right) d\gamma(u)
\end{aligned}
$$

类似地,

$$
\begin{aligned}
E[T_S^{1,3,2}] &= E[T_1] + E[T_2] + E[T_3] - \int_0^{+\infty} R_3(\gamma(u)) R_1(u) d\gamma(u) - \\
&\quad \int_0^{+\infty} R_2(\gamma(u)) R_1(u) d\gamma(u) - \\
&\quad \int_0^{+\infty} R_2(\gamma(u)) \left(\int_0^u R_3(u-\tau+\gamma(\tau)) f_1(\tau) d\tau \right) d\gamma(u)
\end{aligned}
$$
(6-15)

比较式(6-14)与式(6-15)可见,为证明$E[T_S^{1,2,3}] > E[T_S^{1,3,2}]$,只需证明
$$R_3(\gamma(u))R_2(u-\tau+\gamma(\tau))f_1(\tau) < R_2(\gamma(u))R_3(u-\tau+\gamma(\tau))f_1(\tau)$$
即
$$R_3(\gamma(u))R_2(u-\tau+\gamma(\tau)) < R_2(\gamma(u))R_3(u-\tau+\gamma(\tau))$$
对$0<\tau<u$均成立。

根据基本关系式$R(t) = \exp\left\{-\int_0^t \lambda(\tau)d\tau\right\}$,有

$$R_3(\gamma(u))R_2(u-\tau+\gamma(\tau)) < R_2(\gamma(u))R_3(u-\tau+\gamma(\tau))$$
(6-16)
$$\Leftrightarrow \frac{R_2(u-\tau+\gamma(\tau))}{R_2(\gamma(u))} < \frac{R_3(u-\tau+\gamma(\tau))}{R_3(\gamma(u))}$$

$$\Leftrightarrow \frac{\exp\left\{-\int_0^{u-\tau+\gamma(\tau)} \lambda_2(t)\mathrm{d}t\right\}}{\exp\left\{-\int_0^{\gamma(u)} \lambda_2(t)\mathrm{d}t\right\}} < \frac{\exp\left\{-\int_0^{u-\tau+\gamma(\tau)} \lambda_3(t)\mathrm{d}t\right\}}{\exp\left\{-\int_0^{\gamma(u)} \lambda_3(t)\mathrm{d}t\right\}}$$

$$\Leftrightarrow \exp\left\{-\int_{\gamma(u)}^{u-\tau+\gamma(\tau)} \lambda_2(t)\mathrm{d}t\right\} < \exp\left\{-\int_{\gamma(u)}^{u-\tau+\gamma(\tau)} \lambda_3(t)\mathrm{d}t\right\}$$

$$\Leftrightarrow \int_{\gamma(u)}^{u-\tau+\gamma(\tau)} \lambda_2(t)\mathrm{d}t > \int_{\gamma(u)}^{u-\tau+\gamma(\tau)} \lambda_3(t)\mathrm{d}t$$

根据假设 $\mathrm{d}\gamma(t)/\mathrm{d}t \in (0,1)$,显然函数 $g(t)=t-\gamma(t)$ 为严格单调递增函数。这样,对于 $0<\tau<u$,有 $\tau-\gamma(\tau)<u-\gamma(u)$,即 $\gamma(u)<u-\tau+\gamma(\tau)$。因此,给定 $\lambda_2(t)>\lambda_3(t)$,有 $\int_{\gamma(u)}^{u-\tau+\gamma(\tau)} \lambda_2(t)\mathrm{d}t > \int_{\gamma(u)}^{u-\tau+\gamma(\tau)} \lambda_3(t)\mathrm{d}t$,定理得证。

这里,$\mathrm{d}\gamma(t)/\mathrm{d}t \in (0,1)$ 的物理意义是,温备份状态下寿命的消耗要比正常工作下的慢。根据定理6.3可知,温备份系统中先使用差的单元将得到更高的期望系统寿命。作为一个特例,如果为一个给定单元配置2个温备份单元构成一个3中取1的温备份系统,则应该将失效率高的单元用作第一个备份单元,失效率低的单元用作第二个备份单元。

例 6.3 考虑一个3中取1的温备份系统。设初始工作单元的可靠度为 $R_1(t) = \exp\{-(t/100)^2\}$,2个温备份单元 A_2 与 A_3 的失效率分别为 $\lambda_2(t)=0.01+2\times10^{-4}t$ 与 $\lambda_3(t)=2\times10^{-4}t$。假设 $\gamma(t)=0.5t$。此时有 $E(T_S^{1,2,3})=166.162$,$E(T_S^{1,3,2})=164.579$。可见,将失效率高的单元作为第一个备份单元得到的系统的期望寿命更高。

6.3.2 最大化系统可靠度的单元工作顺序

仍考虑定理6.3中的情形,即向一个 $(n-2)$ 中取1系统中添加2个温备份单元组成一个新的 n 中取1系统。假设AFTM为线性的,所添加的2个温备份单元寿命服从指数分布,则有如下定理。

定理 6.4 设ATFM为线性函数 $\gamma(t)=\gamma t, \gamma \in (0,1)$。现向一个给定的 $(n-2)$ 中取1温备份系统添加2个温备份单元以得到一个 n 中取1系统。若所要添加的2个单元寿命服从指数分布,其失效率满足 $\lambda_{n-1}>\lambda_n$,则有

$$R_S^{1,\cdots,(n-2),(n-1),n}(t) > R_S^{1,\cdots,(n-2),n,(n-1)}(t) \quad (\forall t>0)$$

证明:根据式(6-8)中的递推关系式,可以将原始的 $(n-2)$ 中取1温备份系统看作一个单元,则定理6.4成立,当且仅当其在 $n=3$ 时成立。考虑 $n=3$ 的情形,令

$$H_S^{1,2,3}(t) = \int_0^t R_3(t-\tau+\gamma(\tau))\left(\int_0^\tau f_2(\tau-u+\gamma(u))f_1(u)\mathrm{d}u - R_2(\gamma(\tau))f_1(\tau)\right)\mathrm{d}\tau$$

$$H_S^{1,3,2}(t) = \int_0^t R_2(t-\tau+\gamma(\tau))\left(\int_0^\tau f_3(\tau-u+\gamma(u))f_1(u)\mathrm{d}u - R_3(\gamma(\tau))f_1(\tau)\right)\mathrm{d}\tau$$

根据式(6-7)可知,$R_S^{1,2,3}(t)>R_S^{1,3,2}(t)$ 成立当且仅当 $H_S^{1,2,3}(t)>H_S^{1,3,2}(t)$ 成立。当两个所要添加的单元服从指数分布时,有

$$H_S^{1,2,3}(t) = \int_0^t e^{-\lambda_3(t-\tau+\gamma\tau)} \left(\int_0^\tau \lambda_2 e^{-\lambda_2(\tau-u+\gamma u)} f_1(u) \mathrm{d}u - e^{-\lambda_2\gamma\tau} f_1(\tau) \right) \mathrm{d}\tau$$

$$\stackrel{\delta=1-\gamma}{\Leftrightarrow} e^{-\lambda_3 t} \int_0^t e^{\lambda_3\delta\tau} \left(\int_0^\tau \lambda_2 e^{-\lambda_2\tau+\lambda_2\delta u} f_1(u) \mathrm{d}u - e^{-\lambda_2\gamma\tau} f_1(\tau) \right) \mathrm{d}\tau$$

$$= \int_0^t \frac{\lambda_2 e^{-\lambda_3\gamma(t-\tau)-\lambda_2(t-\tau)} - \lambda_3\delta e^{-\lambda_3(t-\tau)}}{\lambda_3\delta-\lambda_2} e^{-\lambda_3\gamma\tau-\lambda_2\gamma\tau} f_1(\tau) \mathrm{d}\tau$$

同理可得

$$H_S^{1,3,2}(t) = \int_0^t e^{-\lambda_2(t-\tau+\gamma\tau)} \left(\int_0^\tau \lambda_3 e^{-\lambda_3(\tau-u+\gamma u)} f_1(u) \mathrm{d}u - e^{-\lambda_3\gamma\tau} f_1(\tau) \right) \mathrm{d}\tau$$

$$\stackrel{\delta=1-\gamma}{\Leftrightarrow} e^{-\lambda_2 t} \int_0^t e^{\lambda_2\delta\tau} \left(\int_0^\tau \lambda_3 e^{-\lambda_3\tau+\lambda_3\delta u} f_1(u) \mathrm{d}u - e^{-\lambda_3\gamma\tau} f_1(\tau) \right) \mathrm{d}\tau$$

$$= \begin{cases} \int_0^t \dfrac{\lambda_3 e^{-\lambda_2\gamma(t-\tau)-\lambda_3(t-\tau)} - \lambda_2\delta e^{-\lambda_2(t-\tau)}}{\lambda_2\delta-\lambda_3} e^{-\lambda_2\gamma\tau-\lambda_3\gamma\tau} f_1(\tau) \mathrm{d}\tau & (\lambda_3 \neq \lambda_2\delta) \\[2ex] \int_0^t e^{-\lambda_2(t-\tau)} (\lambda_3(t-\tau)-1) e^{-\lambda_2\gamma\tau-\lambda_3\gamma\tau} f_1(\tau) \mathrm{d}\tau & (\lambda_3 = \lambda_2\delta) \end{cases}$$

下面分别针对 $\lambda_3 \neq \lambda_2\delta$ 与 $\lambda_3 = \lambda_2\delta$ 两种情形进行证明。

(1) $\lambda_3 \neq \lambda_2\delta$。

若要证明 $H_S^{1,2,3}(t)>H_S^{1,3,2}(t)$,只需下式对所有 $0<\tau<t$ 成立:

$$\frac{\lambda_2 e^{-\lambda_3\gamma(t-\tau)-\lambda_2(t-\tau)}-\lambda_3\delta e^{-\lambda_3(t-\tau)}}{\lambda_3\delta-\lambda_2} e^{-\lambda_3\gamma\tau-\lambda_2\gamma\tau} f_1(\tau)$$

$$> \frac{\lambda_3 e^{-\lambda_2\gamma(t-\tau)-\lambda_3(t-\tau)}-\lambda_2\delta e^{-\lambda_2(t-\tau)}}{\lambda_2\delta-\lambda_3} e^{-\lambda_2\gamma\tau-\lambda_3\gamma\tau} f_1(\tau)$$

$$\Leftrightarrow \frac{\lambda_2 e^{-\lambda_3\gamma(t-\tau)-\lambda_2(t-\tau)}-\lambda_3\delta e^{-\lambda_3(t-\tau)}}{\lambda_3\delta-\lambda_2} > \frac{\lambda_3 e^{-\lambda_2\gamma(t-\tau)-\lambda_3(t-\tau)}-\lambda_2\delta e^{-\lambda_2(t-\tau)}}{\lambda_2\delta-\lambda_3}$$

令 $u=t-\tau$,上式等价于

$$\frac{\lambda_2 e^{-\lambda_3\gamma u-\lambda_2 u}-\lambda_3\delta e^{-\lambda_3 u}}{\lambda_3\delta-\lambda_2} > \frac{\lambda_3 e^{-\lambda_2\gamma u-\lambda_3 u}-\lambda_2\delta e^{-\lambda_2 u}}{\lambda_2\delta-\lambda_3}$$

$$\Leftrightarrow \frac{\delta\lambda_2^2(e^{\lambda_3 u}-e^{\lambda_3\delta u})+\lambda_2\lambda_3(e^{\lambda_3\delta u}-\delta^2 e^{\lambda_3 u})}{(\lambda_2-\lambda_3\delta)(\lambda_3-\lambda_2\delta)} \tag{6-17}$$

$$< \frac{\lambda_3^2\delta(e^{\lambda_2 u}-e^{\lambda_2\delta u})+\lambda_2\lambda_3(e^{\lambda_2\delta u}+\delta^2 e^{\lambda_2 u})}{(\lambda_2-\lambda_3\delta)(\lambda_3-\lambda_2\delta)}$$

比较式(6-17)与式(6-12)可见,式(6-17)成立,当且仅当式(6-12)成立。由于已经证明式(6-12)成立,因此式(6-17)也成立,故有 $H_S^{1,2,3}(t)>H_S^{1,3,2}(t)$。

(2) $\lambda_3 = \lambda_2 \delta$。

若要证明 $H_S^{1,2,3}(t) > H_S^{1,3,2}(t)$，只需下式成立：

$$\frac{\lambda_2 e^{-\lambda_3 \gamma(t-\tau) - \lambda_2(t-\tau)} - \lambda_3 \delta\, e^{-\lambda_3(t-\tau)}}{\lambda_3 \delta - \lambda_2} e^{-\lambda_3 \gamma\tau - \lambda_2 \gamma\tau} f_1(\tau)$$

$$> e^{-\lambda_2(t-\tau)} (\lambda_3(t-\tau) - 1) e^{-\lambda_2 \gamma\tau - \lambda_3 \gamma\tau} f_1(\tau)$$

$$\Leftrightarrow \frac{\lambda_3 \delta e^{\lambda_2(t-\tau)} - \lambda_2 e^{\lambda_3 \delta(t-\tau)}}{\lambda_2 - \lambda_3 \delta} > e^{\lambda_3(t-\tau)} (\lambda_3(t-\tau) - 1) \quad (6-18)$$

$\lambda_3 = \lambda_2 \delta$

$$= (1-\delta^2) e^{\delta \lambda_2 u} + \delta^2 e^{\lambda_2 u} - e^{\delta^2 \lambda_2 u} > (1-\delta^2) \delta \lambda_2 u\, e^{\delta \lambda_2 u}$$

$$u = t - \tau$$

比较不等式(6-18)与式(6-13)可见，式(6-18)成立，当且仅当式(6-13)成立。由于已经证明式(6-13)成立，因此式(6-18)也成立，故有 $H_S^{1,2,3}(t) > H_S^{1,3,2}(t)$。

最后，结合 $\lambda_2 \neq \delta \lambda_1$ 与 $\lambda_2 = \delta \lambda_1$ 两种情形下的结论，可知定理6.4成立。

定理6.2中证明了对于一个包含指数型单元的2中取1温备份系统，将差的（失效率高的）单元作为初始工作单元会得到更高的系统可靠度。定理6.4中进一步证明，在对一个已有的温备份系统添加两个指数型温备份单元时，首先使用差的单元会得到更高的系统可靠度。那么，在设计一个由指数型单元构成的 n 中取1温备份系统时，是否应当总是将差的单元首先使用以获得一个更高的系统可靠度呢？下面的定理6.5将用于回答这一问题。

定理6.5 设 ATFM 为线性函数 $\gamma(t) = \gamma t, \gamma \in (0,1)$。对于一个 n 中取1温备份系统，假设其中单元均服从指数分布，且失效率满足 $\lambda_1 > \lambda_2 > \cdots > \lambda_n$，则结构为"$1,2,\cdots,n$"的温备份系统具有最高的系统可靠度，即 $R_S^{1,2,\cdots,n}(t) > R_S^{i_1,i_2,\cdots,i_n}(t)$，$\forall t > 0$ 对所有 $(i_1, i_2, \cdots, i_n) \neq (1, 2, \cdots, n)$ 成立，其中 "$i_1, i_2, \cdots, i_n$" 为 "$1, 2, \cdots, n$" 的所有可能排列。

为证明定理6.5，需要下面的引理[3]。

引理6.2 如果 $\mathrm{d}\gamma(t)/\mathrm{d}t \in (0,1)$，那么给定 $R_{1'}(t) > R_1(t)$（$\forall t > 0$）时，有 $R_S^{1',2}(t) > R_S^{1,2}(t)$（$\forall t > 0$），其中 $R_{1'}(t)$ 与 $R_1(t)$ 分别为两个不同单元 $A_{1'}$ 与 A_1 的可靠度函数。

利用引理6.2，下面给出定理6.5的证明。

证明：可以使用冒泡排序的思想证明该定理。考虑"$1, 2, \cdots, n$"的任意一种排列"$i_1, i_2, \cdots, i_n$"，对应该结构的 n 中取1温备份系统的可靠度为 $R_S^{i_1,i_2,\cdots,i_n}(t)$。

如果 $i_1 > i_2$，那么根据定理6.2可知

$$R_S^{i_2,i_1}(t) > R_S^{i_1,i_2}(t)$$

即2中取1温备份系统中应以失效率高的单元作为初始工作单元。

再利用引理6.2与式(6-8)中的递推关系式,可以得到
$$R_S^{i_2,i_1,i_3}(t) > R_S^{i_1,i_2,i_3}(t)$$
重复利用引理6.2与式(6-8),最终会有
$$R_S^{i_2,i_1,i_3,\cdots,i_n}(t) > R_S^{i_1,i_2,i_3,\cdots,i_n}(t)$$
如果$i_k > i_{k+1}(1<k<n)$,则根据定理6.4可得
$$R_S^{i_1,\cdots,i_{k-1},i_{k+1},i_k}(t) > R_S^{i_1,\cdots,i_{k-1},i_k,i_{k+1}}(t)$$
即向一个已有的$(k-1)$中取1温备份系统(单元工作顺序为$i_1,\cdots,i_{k-1}$)添加温备份单元时,应该首先使用失效率高的单元$A_{i_{k+1}}$。重复利用引理6.2与式(6-8),最终会有
$$R_S^{i_1,\cdots,i_{k-1},i_{k+1},i_k,i_{k+2},\cdots,i_n}(t) > R_S^{i_1,\cdots,i_{k-1},i_k,i_{k+1},i_{k+2},\cdots,i_n}(t)$$
这样,对于"$1,2,\cdots,n$"的任意一种排列"$i_1,i_2,\cdots,i_n$",只要该排列中存在两个相邻的数$i_k > i_{k+1}$,则总可以交换它们的工作顺序以得到一个更高的系统可靠度。重复这样的操作,最终总可以得到"$1,2,\cdots,n$",即"$1,2,\cdots,n$"对应的单元工作顺序具有最高的系统可靠度。

定理6.5意味着,对于一个包含指数型单元的n中取1系统,按照单元失效率的递减顺序安排它们的工作顺序,可以得到最高的系统可靠度。

例6.4 考虑一个3中取1的温备份系统。假设3个单元A_1、A_2与A_3的寿命均服从指数分布,其失效率分别为$\lambda_1 = 0.1,\lambda_2 = 0.01$与$\lambda_3 = 0.001$。假设$\gamma(t) = 0.5t$。则不同单元工作顺序下的系统可靠度如图6-2所示。可见,系统结构为"1, 2, 3"的系统具有最高的可靠度。因此,为得到最优的系统可靠度,温备份系统中应当首先使用差的单元。

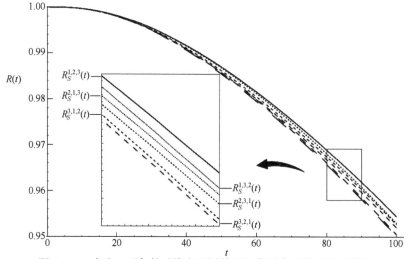

图6-2 3中取1温备份系统在不同单元工作顺序下的系统可靠度

本章针对 n 中取 1 温备份系统,研究了在两种不同的系统可靠性指标下,即系统的期望寿命与系统可靠度,最大化相应系统可靠性指标的最优单元工作顺序。研究表明,在一定的假设下,设计 n 中取 1 温备份系统时,应优先使用失效率高的单元,从而获得最佳的系统可靠性。这一结果可以通过生活中的例子帮助理解。我们生活中经常遇到这一问题,即假如有两串葡萄,一串好葡萄和一串坏葡萄,究竟先吃哪个呢?我们的研究表明,通常应该先吃坏葡萄。原因可以这样解释:如果我们选择先吃好葡萄,那么当吃完这串好葡萄后,坏的那串可能已经没法吃了;而如果我们先吃坏葡萄,那么好葡萄尽管口味不佳,但仍是可以食用的。这样说来,我们能够吃到的葡萄总数是更多的。对于温备份系统,首先使用失效率高的单元则是充分利用其"仍可食用(使用)"的特点,使其尽可能发挥作用。反之,如果以失效率高的单元作为温备份,则它很可能在温备份状态下失效而等不到切换。这样,备份实际上没有起到作用。因此,将单元按可靠性水平从低到高依次使用是为了尽可能充分地利用每一单元,使其对系统的可靠性产生积极的作用。

参考文献

[1] KAY R, KINNERSLEY N. On the use of the accelerated failure time model as an alternative to the proportional hazards model in the treatment of time to event data: A case study in influenza [J]. Drug Information Journal, 2002, 36(3): 571-579.

[2] FINKELSTEIN M. On statistical and information-based virtual age of degrading systems [J]. Reliability Engineering & System Safety, 2007, 92(5): 676-681.

[3] CHA J H, MI J, YUN W Y. Modelling a general standby system and evaluation of its performance [J]. Applied Stochastic Models in Business and Industry, 2008, 24(2): 159-169.

第7章

基于需求的多态温备份系统可靠性

> 吾尝终日不食,终夜不寝,以思,无益,不如学也。
> ——《论语·卫灵公》

  前几章中提到的温备份系统均假设温备份单元在工作状态下的性能状态是唯一的。然而,单元或者系统的性能常常会在失效之前就已经产生一定程度的退化。为描述这一现象,研究者提出了多态系统模型,即假设单元在完全工作和完全失效之间可以有多个中间状态[1]。为了对单元或者系统的退化进行建模,很多研究用到了随机过程模型,比如马尔可夫模型或者半马尔可夫模型[2-6]。马尔可夫模型一般要求单元不同状态的持续时间服从指数分布,即要求退化过程是无记忆的。在使用半马尔可夫模型时,单元不同状态的持续时间可以服从任意分布。研究多态系统可靠性的另外两种主要方法是蒙特卡罗仿真和分析的方法[7-9]。仿真方法很灵活,可以用于各种不同的情形。但是,仿真常常需要较长的时间,特别是对于系统单元个数很多的情形。另外,仿真得到的只是近似解,而非精确解。分析的方法通常比仿真要快很多,但是对于很复杂的系统,要得到显式解往往比较困难[10]。决策图技术是一种很有效的分析方法,文献[11]中详述了可以评估多态系统可靠性的3种形式决策图,包括二分决策图、对数二分决策图和多值决策图。文献[12]利用二分决策图研究了温备份系统的可靠性模型。多值决策图还被用于研究多阶段任务系统的可靠性[13-14]。然而,这些研究中都假定单元在工作状态下的性能是一定的,没有考虑单元可能有多个工作状态的情况。

  随机过程方法[15]和通用生成函数[16-20]或 Lz 变换[21-22]的联合使用也常常用于研究多态系统的可靠性[23-24]。文献[16]和文献[24]分别将通用生成函数和 Lz 变换与马尔可夫过程联合使用来解决多态系统可靠性的评价问题。传统的马尔可夫方法常常以状态空间为导向,并且只适用于指数分布的情况[25]。通用生成函数和 Lz 变换通常不考虑单元失效的顺序,因此不适合研究多态温备份系统的可靠性。

第 7 章 基于需求的多态温备份系统可靠性

为了研究基于需求的温备份系统的可靠性,本章提出一种多值决策图。该多值决策图由二分决策图演变而来。该方法允许系统单元不同状态的持续时间服从任意分布,而不仅仅是指数。另外,本章中还考虑了切换失效的情况。

本章 7.1 节将描述带有退化过程的多态温备份系统。7.2 节与 7.3 节讲述系统的多值决策图的构造和可靠性评估方法。7.4 节通过算例来展示所提出模型的应用。

7.1 系统描述

本章的研究对象为基于需求的多态温备份系统。系统的描述和假设如下。系统包含 n 个独立单元,单元可以是不同的。系统中的单元分为正常工作单元与温备份单元。系统的总体性能等于所有处于工作状态的单元的性能之和。假设在初始时刻,k 个单元 $A_1, A_2, \cdots, A_k$ 处于正常工作状态,而其他 $(n-k)$ 个单元 $A_{k+1}, A_{k+2}, \cdots, A_n$ 处于温备份状态。为区分单元所处的工作状态,我们以上标"o"与"s"分别表示工作与温备份,即 A_i^o 表明 A_i 处于工作状态,A_i^s 表明 A_i 处于温备份状态。系统的结构示意图如图 7-1 所示。

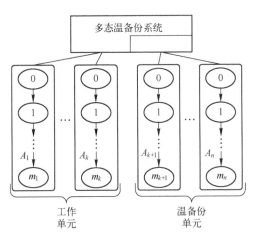

图 7-1 基于需求的多态温备份系统的结构

由于退化,每个单元 A_i 可能处于 m_i+1 个不同的状态 $0, 1, \cdots, m_i$。A_i 在状态 j 下的性能为 $w_{i,j}$。一般地,假设这 m_i+1 个状态对应的性能依次递减,即 $w_{i,0} > w_{i,1} > \cdots > w_{i,m_i} = 0$。初始时刻,单元 A_i 处于最佳工作状态 0,对应的性能是 $w_{i,0}$。在系统运行过程中,单元性能会发生退化,从性能较高的状态退化到性能较低的状态。假设退化仅发生在相邻两个状态之间,即单元只可能从状态 j 退化到 $j+1$ ($j=0, \cdots, m_i-1$)。值得注意的是,温备份状态下单元也会存在退化与失效,也会发生性能水平的状态转移。假设系统和单元均不可修。当单元 A_i 退化至最低状态 m_i 时,则认为该单元失效。

外界对系统的需求为 d。假设初始时刻 k 个工作单元 $A_1, A_2, \cdots, A_k$ 的总性能水平刚好可以满足外界需求,即 $\sum_{i=1}^{k} w_{i,0} \geq d$,$\sum_{i=1}^{k-1} w_{i,0} < d$。由于工作单元的退化,系统的总体性能可能会低于外界需求。例如,假设在某一时刻 k 个初始工作单元 A_1, $A_2, \cdots, A_k$ 分别处于状态 $j_1, j_2, \cdots, j_k$,且 $\sum_{i=1}^{k} w_{i,j_i} < d$,则需要将处于温备份状态的单元切换至工作状态以满足系统需求。不失一般性地,假设系统中温备份单元依照其序号按从小到大的顺序进行切换。即,当 k 个初始工作单元无法满足需求时,首先将单元 A_{k+1} 由温备份状态切换到工作状态;若仍无法满足需求,则继续将 A_{k+2},$A_{k+3}, \cdots$ 切换至正常工作状态,直至外界需求得以满足。假设温备份单元的工作状态切换不是完美的,切换这一动作本身也可能发生失效。假设单元 $A_i(i>k)$ 发生切换失效的概率为 p_i。当系统的总体性能无法满足外界需求 d 时,则系统故障。

单元 A_i 在正常工作状态下,其在状态 j 的停留时间(即从进入状态 j 开始至进入状态 $j+1$ 的时间间隔)服从分布 $F_{i,j}(t)$。由于单元在温备份状态下承受的应力水平与正常工作状态不同,为作区分,假定单元 A_i 处于温备份状态时,在状态 j 的停留时间服从 $F_{i,j}^s$,而在正常工作状态时,在状态 j 的停留时间服从 $F_{i,j}^o$。

注意到,我们假定初始时刻工作单元的总体能力水平刚好可以满足外界需求。这样,对于不同的外界需求,系统所需的工作单元数量可能会存在差异。例如,考虑一个包含 3 个单元 A_1、A_2 和 A_3 的系统,每个单元均具有 4 个可能状态,不同状态下每个单元的性能水平如表 7-1 所列。当外界需求为 7 时,需要单元 A_1 与 A_2 同时工作;此时系统的总体性能水平为 10,可以满足需求,因此单元 A_3 可以作为温备份而无需正常工作。当外界需求是 5 时,则仅需单元 A_1 工作即可满足要求,此时,单元 A_2, A_3 可作为备份单元。图 7-2 展示了不同外界需求下的温备份系统结构。

表 7-1 三单元系统中的每个单元可能状态对应的性能

单元/状态	0	1	2	3
A_1	5	4	2	0
A_2	5	3	2	0
A_3	5	4	1	0

为计算此类具有多态单元的温备份系统可靠性,这里考虑多态多值决策图(MMDD)方法。注意,在构造多态多值决策图时,需要考虑 3 个方面的问题。第一,由于单元在工作状态和温备份状态下的退化时间(分布)不同,需要区别对待这两种情况。第二,需要考虑到初始在线单元的个数,以及在线工作单元发生退化时需要切换到工作状态的温备份单元的个数。第三,为了明确系统的性能,需要在

第7章 基于需求的多态温备份系统可靠性

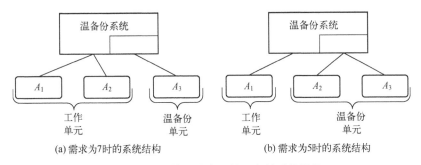

(a) 需求为7时的系统结构　　　　　　(b) 需求为5时的系统结构

图 7-2　不同外界需求下的温备份系统结构

决策图中表示单元的退化性能。考虑到这 3 点,传统的二分决策图扩展为如下的多态决策图。

7.2　多态决策图的构造

系统工作时,单元 A_i 可能由状态 j 退化到状态 $j+1$,或者直到系统任务结束也不发生退化。系统中的每一次退化过程均可以由一个多态决策图表示。首先,考虑系统中的第一次退化的多态决策图表示方法。对于系统中的第一次退化,其可能情形是系统中某一单元从状态 0 转移到状态 1。由于系统中有 n 个单元,因此我们构造一个具有 $n+1$ 个分支的多态决策图,如图 7-3 所示。

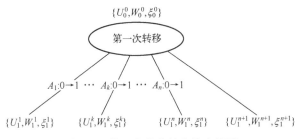

图 7-3　第一次退化的多值决策图

图中,第 $i(1 \leqslant i \leqslant n)$ 分支(从左至右)表示单元 A_i 发生了状态转移,从状态 0 转移到状态 1;第 $n+1$ 分支表示系统中的第一次退化没有发生,即系统中所有单元均处于完好状态。这样,这 $n+1$ 个分支便枚举了系统中第一次退化的所有可能情形。为了描述每种情形下系统所处的状态,我们利用一个三元组 $\{U_s^r, W_s^r, \xi_s^r\}$ 作为第 s 次转移的决策图中第 r 个分支的终值。其中,$U_s^r = (j_1, \cdots, j_n; \varepsilon_1, \cdots, \varepsilon_n)$ 为一个 $2 \times n$ 的矩阵,用以表示该分支对应的状态转移发生后系统中所有单元的状态。具体地,第 i 列第 1 行元素 j_i 表示单元 A_i 当前所处的性能状态($j_i = 0, 1, \cdots, m_i$);第 2 行元素

91

ε_i 表示单元 A_i 当前所处的工作状态; $\varepsilon_i=1$ 表示正常工作状态, $\varepsilon_i=0$ 表示温备份状态。W_s 表示当前系统的可用性能, $\xi_s=(\xi_{s,a},\xi_{s,f})$ 表示当前系统中已经切换的单元个数以及已经失效的单元个数。

在初始时刻, $U_0^0=(0,\cdots,0;1,\cdots,1_k,0_{k+1},\cdots,0)$ 表示所有单元均处于初始状态, 前 k 个单元处于正常工作状态, 而后 $n-k$ 个单元处于温备份状态; 系统的可用性能即总性能为 $W_0^0=\sum_{i=1}^n w_i^0$; 系统中需要切换的单元和已经失效的单元个数为 $\xi_0^0=(0,0)$。

经过第一次退化,系统中单元的状态以及系统的整体状态均发生了改变。为反映这一变化,我们利用终值的改变来表示。具体地,对应于第 $r(r\leqslant n)$ 个分支,若其 U_1^r 的第 1 行第 r 个元素变更为 1,表示单元 A_r 由状态 0 转移至状态 1。对应于单元 A_r 的状态转移,系统的可用性能进行如下变化:

$$W_1^r = \begin{cases} W_0^0 - w_{r,0} + w_{r,1} & (r \neq n+1) \\ W_0^0 & (r = n+1) \end{cases} \quad (7-1)$$

若 A_r 的可能状态多于 2 个,则此次状态转移并不会导致 A_r 失效,因此 $\xi_{1,f}^r=0$;否则 $\xi_{1,f}^r=0$。U_1^r 的第 2 行元素与 $\xi_{s,a}^r$ 的变动情况取决于当前系统的实际性能。根据 U_1^r 的首行元素,可以计算得到当前系统中工作单元的实际性能水平。例如,对于最左侧分支,其对应的情形发生后,单元 A_1 由状态 0 转移到状态 1,相应的系统实际性能变为 $W_0^0-w_{1,0}+w_{1,1}$。若该性能水平仍大于外界需求 d,则无需温备份单元切换至正常工作单元。此时,U_1^r 的第 2 行元素与 $\xi_{s,a}^r$ 均保持不变。否则,则需要单元 A_{k+1} 由温备份状态切换至正常工作状态。对应于这一动作,U_1^r 第 2 行的第 $k+1$ 个元素由 0 变为 1,且 $\xi_{s,a}^r=1$。若 A_{k+1} 切换后系统的实际性能仍无法满足要求,则需要 A_{k+2} 切换至正常工作状态,同时将 U_1^r 第 2 行第 $k+2$ 个元素变为 1,$\xi_{s,a}^r=1$。这一操作依次进行,直至系统的实际性能水平达到外界需求。

注意,对于最右侧分支,由于其表示系统中实际并未发生第一次状态转移,即系统仍保持开始工作时的状态,因此其终值保持在初始状态: $\{U_1^{n+1},W_1^{n+1},\xi_1^{n+1}\}$ $=\{U_0^0,W_0^0,\xi_0^0\}$。

系统中第二次退化的多值决策图是在第一次退化的多值决策图的基础上建立的。对于第一次状态转移的决策图中的某一分支 r,其对应的失效单元数为 $\xi_{1,f}^r$。显然,这些失效单元不可能作为第二次状态转移的发生单元,在考虑系统中第二次状态转移时,无需考虑这些情况。因此,第二次状态转移的可能情形共有 $n-\xi_{1,f}^r$ 种。另外,应当将"第二次转移不会发生"这一情形考虑进来。因此,第二次状态转移对应的决策图应当有 $n+1-\xi_{1,f}^r$ 个分支: 第 $\tilde{r}(1\leqslant\tilde{r}\leqslant n-\xi_{1,f}^r)$ 分支表示有单元退化, 最右边分支表示未发生单元退化。以图 7-3 中最左边的分支为例, 该分支表明单元

A_1 从状态 0 退化到状态 1。对应于该分支,第二次退化可以是单元 A_1 再次退化或者其他单元发生退化;或者系统中并没有发生第二次退化。

图 7-4 给出了系统第二次退化对应的多值决策图。在图 7-3 的基础上,分支的终值需要更新。第二次退化后的系统可用性能如下:

$$W_2^* = \begin{cases} W_1^1 - w_{1,1} + w_{1,2} & (\tilde{r}=1) \\ W_1^1 - w_{r,0} + w_{r,1} & (2 \leqslant \tilde{r} \leqslant N - \xi_{1,f}^r) \\ W_1^1 & (\tilde{r} = N+1 - \xi_{1,f}^r) \end{cases} \quad (7-2)$$

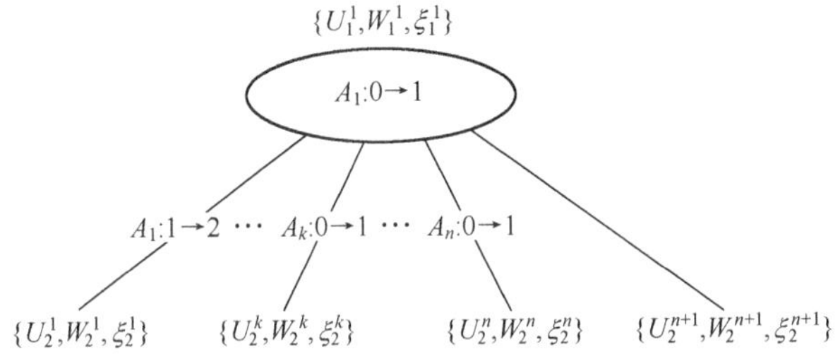

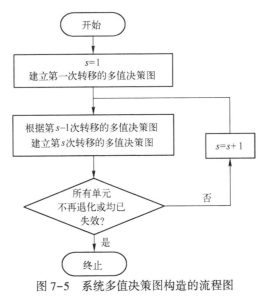

图 7-4 当系统中第一次状态转移为单元 A_1 从状态 0 退化到状态 1 时,
系统第二次退化对应的多值决策图

类似地,第 $s(3 \leqslant s \leqslant n)$ 次退化的多值决策图可以在第 $s-1$ 次退化的多值决策图的基础上得到。依次建立系统中各次退化的多值决策图,直到系统可用性能不能满足需求或者所有单元均不可能再退化。将系统中每次退化的多值决策图依次组合,就可得到系统的多值决策图。系统多值决策图构造过程如图 7-5 所示。

图 7-5 系统多值决策图构造的流程图

以 6.1 节中的三单元系统为例,假定外界需求为 $d=10$。图 7-6 展示系统中每次状态转移的多值决策图的建立过程。图 7-7 给出了系统的多值决策图的建立过程;为更清晰地呈现系统的决策图,我们将决策图分成 3 个子部分。注意到,由于某些分支不会影响最后系统可靠度的计算,因此被删除,如图 7-7(a) 中节点"A_2:$1\rightarrow 2$"下面的分支。简单起见,分支的终值仅给出对应单元的性能状态,即 U_s^l 的第一行。

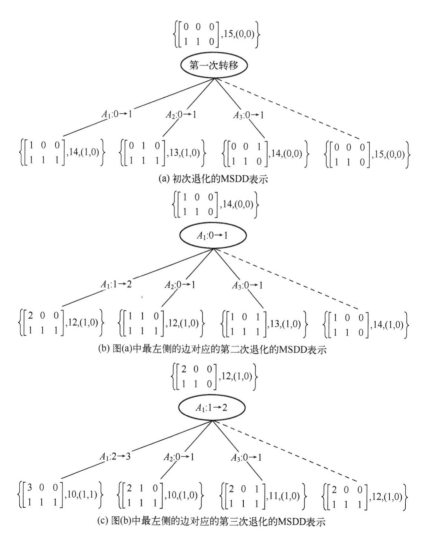

图 7-6 基于需求的温备份系统的多态多值决策图的构造过程

第 7 章 基于需求的多态温备份系统可靠性

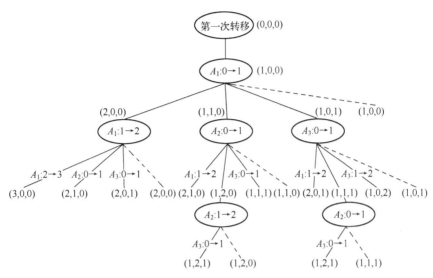

(a) 自单元A_1开始初次退化的系统级MSDD表示

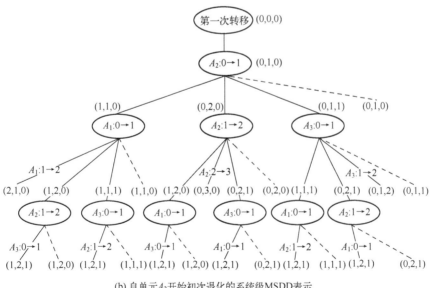

(b) 自单元A_2开始初次退化的系统级MSDD表示

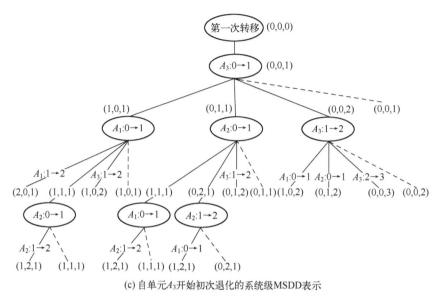

(c) 自单元A_3开始初次退化的系统级MSDD表示

图 7-7 多态多值决策图的构造示例

7.3 系统可靠度的计算

前一节建立的多态多值决策图中,每一路径均描述了系统工作过程中的一种可能情形。例如,图 7-7(a)中最左边的路径"$\{A_1:0\to1\}\to\{A_1:1\to2\}\to\{A_1:2\to3\}$"表示:单元$A_1$从状态 0 退化到状态 1,然后从状态 1 退化到状态 2,最后从状态 2 退化到状态 3。随后,由于系统需求不允许系统中再次发生退化,因此不再考虑系统中的第四次退化,也无需再建立多值决策图。对这条路径而言,最开始A_1和A_2处在工作状态,而A_3处在温备份状态。当第一次退化发生时,为了满足系统的性能要求,单元A_3从温备份状态切换到工作状态。

为得到系统的可靠性,需要计算系统多值决策图中每一条路径的发生概率。以最左边的路径为例,考虑到切换失效,则这条路径的发生概率为

$$\begin{aligned}\text{Path}_1(T) = &(1-p_3) \times \\ &\int_{t_0}^{T}\int_{t_1}^{T}\int_{t_2}^{T} f_{1,0}(t_1) f_{1,1}(t_2-t_1) f_{1,2}(t_3-t_2) \cdot R_{2,0}(T) \cdot \\ &R_{3,0}^s(t_1) R_{3,0}^o(T-t_1) \mathrm{d}t_3 \mathrm{d}t_2 \mathrm{d}t_1\end{aligned} \qquad (7\text{-}3)$$

式中:T 是任务时间;$t_0=0$ 是初始时刻;$f^*(\cdot)$为概率密度函数;$F^*(\cdot)$为累积分布函数;$R^*(\cdot)=1-F^*(\cdot)$为可靠度函数;$t_1\in(t_0,T]$为积分变量,表示A_1第一次退化的发生时刻;t_2在$(t_1,T]$之间,表示A_1第二次退化的发生时刻;t_3在$(t_2,T]$之

间,表明 A_1 第三次退化的发生时刻; p_3 是 A_3 的切换失效概率。

系统可靠性则为所有路径的发生概率之和:

$$R_S(T) = \sum_b \Pr\{Path_b\} \tag{7-4}$$

式中: b 为系统多值决策图中路径的数目。

7.4 算例分析

为说明本章前文提出的方法,下面考虑 3 个算例。

7.4.1 两单元系统——指数分布

考虑一个由两个单元组成的基于需求的温备份系统。两个单元的状态转换矩阵如表 7-2 所列。本例中不考虑温备份单元的切换失效。

表 7-2 单元的状态持续时间分布

单元	温备份状态下的 PDF	工作状态下的 PDF
A_1	—	$f_{1,0} = f_{1,1} = f_{1,2} = \lambda_1 \exp(-\lambda_1 t)$
A_2	$f_{2,0}^s = f_{2,1}^s = f_{2,2}^s = \lambda_2^s \exp(-\lambda_2^s t)$	$f_{2,0}^o = f_{2,1}^o = f_{2,2}^o = \lambda_2^o \exp(-\lambda_2^o t)$
	$\lambda_1 = \dfrac{1}{100}, \lambda_3^s = \dfrac{1}{300}, \lambda_3^o = \dfrac{1}{150}$	

考虑两种不同的系统需求:①需求为 7;②需求为 5。第一种情形下,两个单元初始时都处在工作状态。第二种情形下,单元 A_1 处在工作状态,单元 A_2 处在温备份状态。图 7-8 分别给出了两种情形下决策图方法以及蒙特卡罗方法得到的系统可靠度。可以看到,决策图方法的结果与蒙特卡罗方法结果一致,印证了所提方法的正确性。

表 7-3 和表 7-4 列出了不同系统需求下特定时刻的系统可靠度。决策图方法仿真结果与蒙特卡罗方法仿真结果一致。另外,对比两种系统需求下的可靠度,显而易见,系统的需求越高,系统的可靠性越低。

表 7-3 系统需求为 7 时不同方法得到的系统可靠度对比

时间/天	系统可靠度		两种方法间的相对偏差
	MSDD	蒙特卡罗	
50	0.9235	0.9238	0.03%
100	0.7240	0.7259	0.26%
200	0.3211	0.3266	1.68%
500	0.0093	0.0097	4.12%

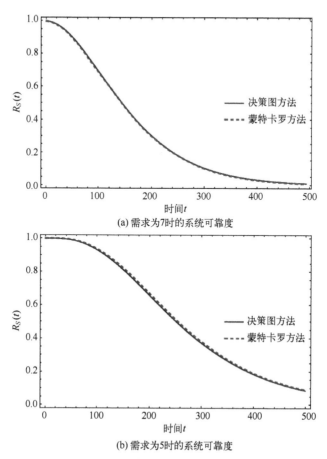

(a) 需求为7时的系统可靠度

(b) 需求为5时的系统可靠度

图 7-8 指数分布情形下不同系统需求下的系统可靠度

表 7-4 系统需求为 5 时不同方法得到的系统可靠度对比

时间/天	系统可靠度		两种方法间的相对偏差
	MSDD	蒙特卡罗	
50	0.9917	0.9931	0.14%
100	0.9333	0.9385	0.55%
200	0.6610	0.6730	1.78%
500	0.0864	0.0884	2.26%

7.4.2 三单元系统——非指数分布

为展示所提方法在状态持续时间服从非指数分布情形下的应用,考虑如下的三单元系统。表 7-5 给出了每个单元的状态持续时间分布。

表 7-5 单元的状态持续时间分布

单元	温备份状态下的 PDF	工作状态下的 PDF
A_1	—	$f_{1,0}=f_{1,1}=f_{1,2}=\exp\left\{-\left(\dfrac{t}{200}\right)^2\right\}$
A_2	—	$f_{2,0}=f_{2,1}=f_{2,2}=\exp\left\{-\left(\dfrac{t}{150}\right)^2\right\}$
A_3	$f_{3,0}^s=f_{3,1}^s=f_{3,2}^s=\exp\left\{-\left(\dfrac{t}{300}\right)^{1.5}\right\}$	$f_{3,0}^o=f_{3,1}^o=f_{3,2}^o=\exp\left\{-\left(\dfrac{t}{150}\right)^{1.5}\right\}$

假设系统的需求为 10。为研究切换失效的影响,针对单元 A_3 考虑了不同的切换失效概率。图 7-9 给出了系统可靠度随时间的变化;表 7-6 给出了特定时刻的系统可靠度。可以看到,系统的可靠度随着切换失效概率的增加而减小。

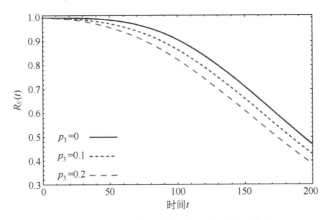

图 7-9 不同切换失效概率下的系统可靠度

表 7-6 不同切换失效概率下的系统可靠度(非指数分布)

t	$p_3=0$	$p_3=0.1$	$p_3=0.2$
20	0.999719	0.997007	0.994296
40	0.996379	0.986225	0.976071
100	0.910803	0.869658	0.828513
200	0.471692	0.43074	0.389789

7.4.3 十单元温备份系统

为了展示所提方法在中等规模系统上的应用,考虑一个由 10 个单元组成的系统。表 7-7 展示了单元每个状态下的性能和持续时间分布。

表 7-7 十单元温备份系统的模型参数

单元/状态	D_0	D_1	D_2	温备份状态下 PDF	工作状态下 PDF
$A_1,A_2,\cdots,A_8$	10	5	0	—	$f_{i,0}^o=f_{i,1}^o=\lambda_1\exp(-\lambda_1 t)$
A_9,A_{10}	5	2	0	$f_{i,0}^s=f_{i,0}^s=\lambda_2^s\exp(-\lambda_2^s t)$	$f_{i,0}^o=f_{i,1}^o=\lambda_2^o\exp(-\lambda_2^o t)$

$$\lambda_1=\frac{1}{100},\lambda_2^s=\frac{1}{300},\lambda_2^o=\frac{1}{150},系统需求:80$$

对于给定的系统性能需求和单元每个状态的性能,可知初始时刻需要 8 个单元在线,2 个单元处于温备份。假设两个温备份单元的切换失效概率相同,均为 p。由于该系统的多值决策图很大,在这里不做展示。假定表 7-8 和图 7-10 给出的是不同切换失效概率下的系统可靠度。显然,系统的可靠性受到切换失效概率的影响。

表 7-8 不同切换失效概率下十单元系统的可靠度

时间/天	$p_3=0$	$p_3=0.1$	$p_3=0.2$
10	0.938633	0.876934	0.818072
20	0.735587	0.661309	0.591678
50	0.179190	0.154119	0.131045

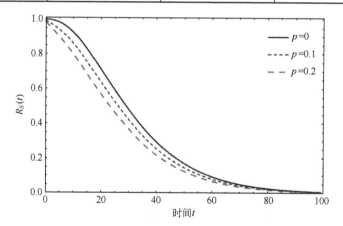

图 7-10 不同切换失效概率下系统的可靠度

7.5 单元启动顺序优化

当系统中单元的特性不尽相同时,不同的单元启动顺序对应于不同的系统可靠性水平。因此,有必要考虑如何调整系统中单元的启动顺序,以便最大化系统的可靠性。与第 6 章中考虑的问题相似,优化目标可以是不同的系统可靠性指标,如某时刻的系统可靠度 $R_S(t)$ 或者系统的期望寿命。在给定可靠性指标后,该优化问题便是考虑单元 $A_1,\cdots,A_n$ 的所有可能排列组合,并从中寻找最大化系统可靠性指标的工作顺序。

对于具有 n 个单元的系统,所有可能的排列数量为 $n!$。需要注意的是,在确定了初始工作单元的组合后,初始工作单元的顺序并不会影响系统的可靠性。因此,需要考虑的解的空间应该要远小于 $n!$。尽管如此,可行解的数量仍会随着温备份单元的个数呈指数增长。

对于单元个数较少的系统,通过枚举方式可以列出所有可能的启动顺序,并从中找出最佳的单元工作顺序。对于单元数目较多的系统,枚举方法可能费时较多;此时,可采用某些启发式算法,如遗传算法来解决系统可靠性的优化问题。

参考文献

[1] LI Y F, ZIO E, LIN Y H. A multistate physics model of component degradation based on stochastic Petri nets and simulation [J]. IEEE Transactions on Reliability, 2012, 61(4): 921-931.

[2] CHANA G K, ASGARPOOR S. Optimum maintenance policy with Markov processes [J]. Electric Power Systems Research, 2006, 76: 452-456.

[3] SIM S H, ENDRENYI J. A failure-repair model with minimal and major maintenance [J]. IEEE Transactions on Reliability, 1993, 42: 134-139.

[4] BLACK M, BRINT A T, BRAILSFORD J R. A semi-Markov approachfor modelling asset deterioration [J]. Journal of the Operational Research Society, 2005, 56: 1241-1249.

[5] KIM J, MAKIS V. Optimal maintenance policy for a multi-state deteriorating system with two types of failures under general repair [J]. Computers and Industrial Engineering, 2009, 57: 298-303.

[6] KHAROUFEH J P, COX S M. Stochastic models for degradation-based reliability [J]. IIE Transactions, 2005, 37(6): 533-542.

[7] FISHMAN G. Monte Carlo: Concepts, Algorithms, and Applications [M]. London: Springer Science & Business Media, 2013.

[8] LI W. Reliability Assessment of Electric Power Systems Using Monte Carlo Methods [M]. London: Springer Science & Business Media, 2013.

[9] ZIO E. The Monte Carlo Simulation Method for System Reliability and Risk Analysis [M]. London: Springer, 2013.

[10] DING Y, WANG P, GOEL L, et al. Long-term reserve expansion of power systems with high wind power penetration using universal generating function methods [J]. IEEE Transactions on

[11] SHRESTHA A, XING L, DAI Y. Decision diagram based methods and complexity analysis for multi-state systems [J]. IEEE Transactions on Reliability, 2010, 59(1): 145-161.

[12] ZHAI Q, PENG R, XING L, et al. Binary decision diagram-based reliability evaluation of k-out-of-$(n+k)$ warm standby systems subject to fault-level coverage [J]. Proceedings of the Institution of Mechanical Engineers, Part O: Journal of Risk and Reliability, 2013, 227(5): 540-548.

[13] MO Y, XING L, AMARI S V. A multiple-valued decision diagram based method for efficient reliability analysis of non-repairable phased-mission systems [J]. IEEE Transactions on Reliability, 2014, 63(1): 320-330.

[14] MO Y. New insights into the BDD-based reliability analysis of phased-mission systems [J]. IEEE Transactions on Reliability, 2009, 58(4): 667-678.

[15] DING Y, CHENG L, ZHANG Y, et al. Operational reliability evaluation of restructured power systems with wind power penetration utilizing reliability network equivalent and time-sequential simulation approaches [J]. Journal of Modern Power Systems and Clean Energy, 2014, 2(4): 329-340.

[16] LEVITIN G. Universal Generating Function and Its Applications [M]. London: Springer, 2005.

[17] DING Y, SINGH C, GOEL L, et al. Short-term and medium-term reliability evaluation for power systems with high penetration of wind power [J]. IEEE Transactions on Sustainable Energy, 2014, 5(3): 896-906.

[18] LEVITIN G. The Universal Generating Function in Reliability Analysis and Optimization [M]. London: Springer, 2005.

[19] DING Y, LISNIANSKI A. Fuzzy universal generating functions for multi-state system reliability assessment [J]. Fuzzy Sets and Systems, 2008, 159(3): 307-324.

[20] LI Y F, ZIO E. A multi-state model for the reliability assessment of a distributed generation system via universal generating function [J]. Reliability Engineering & System Safety, 2012, 106: 28-36.

[21] DAICHMAN S, LISNIANSKI A. On aging components impact on multi-state water cooling system: Lz-transform application for availability assessment [C]//2013 International Conference on Digital Technologies (DT). IEEE, 2013: 156-161.

[22] FRENKEL I, LISNIANSKI A. Assessing water cooling system performance: Lz-transform method [C]// Eighth International Conference on Availability, Reliability and Security (ARES2013). IEEE, 2013: 737-742.

[23] LISNIANSKI A, DING Y. Redundancy analysis for repairable multi-state system by using combined stochastic processes methods and universal generating function technique [J]. Reliability Engineering & System Safety, 2009, 94(11): 1788-1795.

[24] FRENKEL I, LISNIANSKI A. Performance determination for MSS manufacturing system by Lz-transform and stochastic processes approach [C]//Ninth International Conference on Availability, Reliability and Security (ARES2014). IEEE, 2014:387-392.

[25] TANNOUS O, XING L, DUGAN J B. Reliability analysis of warm standby systems using sequential BDD [C]//AnnualReliability and Maintainability Symposium (RAMS2011). Piscataway, NJ: IEEE, 2011:1-7.

第 8 章

带共享总线的温备份系统可靠性

操千曲而后晓声,观千剑而后识器。

——刘勰

在许多实际工程系统中,系统的每个单元均需满足特定的功能需求。而当单元自身需求得到满足后,其多余能力则可通过某种"线路"共享给其他单元。以电力系统为例,某一区域的电站首先需要满足当地的用电需求;当本地区内的用电需求得到满足后,则可以将富余电力输送到电力缺乏的地区。文献[1]首先讨论了这种类型的性能共享系统的可靠性,并称其为"共享总线系统"。随后,许多学者进一步拓展了这类带有共享总线的系统,并针对具有不同结构的系统研究了其中的可靠性问题[2-3]。针对这种系统,其可靠性分析与之前的系统有所不同:通常的冗余系统中,系统可靠性分析仅需考虑系统内常规单元的工作情况;而对于带有"共享总线"的系统,不仅需要考虑常规工作单元的工作状态,还需要考虑多余能力在不同单元间的共享情况,以及共享线路本身的可能失效。针对一类具有共享总线的温备份系统,本章利用多值决策图方法,研究其可靠度计算问题。

8.1 系统描述

本章考虑如图 8-1 所示的系统。该系统包含 L 个温备份子系统,每一子系统包含 n_l 个单元,因此系统共包含 $N = \sum_{l=1}^{L} n_l$ 个单元。在第 l 个子系统中,每一单元具有一个名义能力 $w_{l,i}(1 \leq i \leq n_l)$,而子系统的总体能力为所有工作单元的能力之和;相应地,外界对该子系统的需求为 $d_l(1 \leq l \leq L)$。与之前章节的假设相同,初始时刻第 l 个子系统中前 k_l 个单元 $A_{l,1}, \cdots, A_{l,k_l}$ 处于正常工作状态,而其他 $n_l - k_l$ 个单元处于温备份状态。相应地,假设前 k_l 个单元的总能力不低于系统需求 d_l,$\sum_{i=1}^{k_l} w_{l,i} \geq d_l$。当系统的能力无法满足外界需求 d_l 时,温备份单元则依次切换至正常工作状态,使得系统的总能力总是不低于外界需求。这里仍考虑温备份单元的切换失效,并假设单元 $A_{l,i}$ 的切换失效概率为 $p_{l,i}$。

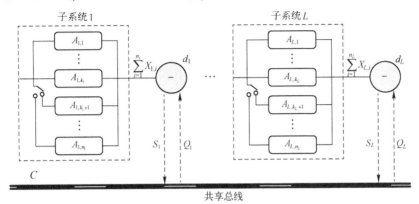

图 8-1 带共享总线的温备份系统结构示意图

对于某一子系统而言,当其中所有可用的温备份单元均已切换至正常工作状态,而子系统的能力仍无法满足外界需求时,则该子系统会面临故障的风险;另一方面,其他正常工作的子系统可能会由于总能力高于外界需求而存在一定的盈余。具体地,令 $X_{l,i}$ 表示单元 $A_{l,i}$ 在某一时刻的实际能力。显然,$X_{l,i}$ 可以为 $w_{l,i}$ 或 0。相应地,第 l 个子系统在某一时刻的总能力为 $\sum_{i=1}^{n_l} X_{l,i}$,该子系统的盈余能力为 $S_l = \max\left\{\sum_{i=1}^{n_l} X_{l,i} - d_l, 0\right\}$,而短缺能力则为 $Q_l = \max\left\{0, d_l - \sum_{i=1}^{n_l} X_{l,i}\right\}$。这样,系统中总的盈余能力以及总的短缺能力为

$$\begin{cases} S = \sum_{l=1}^{L} S_l = \sum_{l=1}^{L} \max\left\{\sum_{i=1}^{n_l} X_{l,i} - d_l, 0\right\} \\ Q = \sum_{l=1}^{L} Q_l = \sum_{l=1}^{L} \max\left\{0, d_l - \sum_{i=1}^{n_l} X_{l,i}\right\} \end{cases} \quad (8-1)$$

显然,系统中的盈余能力 S 与短缺能力 Q 均为随机变量,而且它们不是独立的:这两个随机变量均依赖于系统中每一单元的工作状态。由于系统中总是存在能力盈余的子系统,也会存在能力短缺的子系统,为了提高系统的运行效率,可以将所有子系统通过某一"共享总线"连接起来,使得存在能力盈余的子系统的盈余能力可共享给能力存在不足的子系统。这样,通过共享总线,系统中的盈余能力 S 可以填补短缺能力 Q。实际中需要共享的总能力为 $\min\{S,Q\}$。然而,共享总线本身能够传输的能力不是无限的,假设传输能力的上限为 C。这样,在某一时刻,共享总线系统中共享的总能力即为

$$Z = \min\{S, Q, C\} = \min\left\{\sum_{l=1}^{L} \max\left\{\sum_{i=1}^{n_l} X_{l,i} - d_l, 0\right\}, \sum_{l=1}^{L} \max\left\{0, d_l - \sum_{i=1}^{n_l} X_{l,i}\right\}, C\right\}$$
(8-2)

显然,若共享总线的传输能力很低,则盈余能力在不同子系统间的共享就会受限;特别地,若 $C=0$,则共享总线系统退化为一般的串联系统。需要注意的是,由于共享总线的存在,某一子系统的温备份单元可能会因为其他子系统的能力短缺而由温备份状态切换至正常工作状态。这使得温备份单元的切换不仅依赖于它所处的子系统的运行情况,还与其他子系统的运行情况有关。不失一般性地,我们假设若某一子系统的能力无法满足要求,且补充当前共享的能力后子系统仍无法满足要求,则按照子系统的编号由低到高依次切换子系统中可用的温备份单元。其中,每一子系统中温备份单元的切换次序也是按其在系统中的编号从低到高依次进行。

通过能力的共享,系统中最终的短缺能力为

$$\widetilde{Q} = Q - Z = \max\{0, Q - \min\{S, C\}\}$$
(8-3)

相应地,系统未被利用的总的盈余能力为

$$\widetilde{S} = S - Z = \max\{0, S - \min\{Q, C\}\}$$
(8-4)

当系统中所有的子系统均不存在能力短缺时,则认为系统可靠;否则系统故障。因此,系统的可靠度为

$$R_S(t) = \Pr\{\widetilde{Q} \geq 0\}$$
(8-5)

与前几章相同,假定工作单元 $A_{l,i}$ 的寿命分布为 $F_{l,i}(t)$ ($1 \leq i \leq k_l$);温备份单元在备份状态下的寿命分布为 $F_{l,i}^s(t)$,而在工作状态下的寿命分布为 $F_{l,i}^o(t)$ ($k_l < i \leq n_l$)。所有单元均不可修,一旦失效则无法恢复。此外,暂不考虑共享总线的失效,即假设共享总线总是完好。

为进一步说明共享总线温备份系统的工作机制,考虑一个简单的电力系统案例。假设某一地区的电力系统包括两个相距较远的电站 1 和 2。电站 1 主要负责东部片区的用电需求,而电站 2 主要负责西部片区的用电需求。此外,两个电站之间还通过输电线连接,当有需要时,电站 1 可以将富余的电力输送到西部片区,而电站 2 也可以将富余的电力输送到东部片区,如图 8-2 所示。

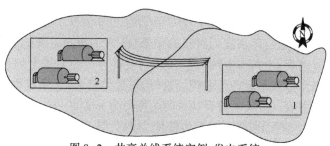

图 8-2 共享总线系统实例:发电系统

假设两个电站各包含两个机组。各机组的功率瓦数、两个片区的用电需求以及输电线的输电能力如表8-1所列。由于东部片区的需求为10MW,因此通常电站1仅仅只需要一台机组$A_{1,1}$运行即可保障整个片区的用电需求,而机组$A_{1,2}$可作为温备份单元待机。西部片区的用电需求为8MW,因此需要两台机组同时运行才能保证片区的用电需求。

对于温备份机组$A_{1,2}$,它会在以下两种情形下切换至正常工作状态。首先,如果电站1中的机组$A_{1,1}$发生了故障,则备份机组$A_{1,2}$会切换至工作状态,保证东部片区的用电需求。另外,如果机组$A_{1,1}$运行正常而电站2中任意机组发生了故障,$A_{1,2}$也会切换至正常工作状态;此时,东部片区会通过输电线向西部片区提供10MW的电力。显然,即使西部片区的两台机组均故障,东部片区的两台机组仍可以同时满足两个片区的用电需求。注意,若东部片区因机组故障发生用电短缺,西部片区的盈余电力无法缓解这一情况。

表8-1 电力系统的参数情况(单位:MW)

东部片区			西部片区			输电线
电站1		需求	电站2		需求	
$A_{1,1}=10$	$A_{1,2}=10$	$d_1=10$	$A_{2,1}=5$	$A_{2,1}=5$	$d_2=8$	$C=10$

对于这类温备份系统,仍可以采用决策图方法计算系统的可靠度。下面介绍利用多值决策图方法求解系统可靠度的具体步骤。

8.2 系统决策图的构造

这里以系统中的故障序列为对象构造多值决策图。为了在决策图中明确系统的状态,对于第s次故障的决策图,其每一分支的终值均由一个二元组$\{U_s^r,W_s^r\}$表示。具体地,$U_s^r=(x_{1,1},\cdots,x_{1,n_1},\cdots,x_{L,1},\cdots,x_{L,n_L};\varepsilon_{1,1},\cdots,\varepsilon_{1,n_1},\cdots,\varepsilon_{L,1},\cdots,\varepsilon_{L,n_L})$为$2\times N$的矩阵,其第一行元素表示第$s$次故障对应的第$r$种可能失效情形下系统中各单元所处的状态,"1"表示失效,"0"表示正常;第2行元素表示各单元所处的工作状态,"1"表示正常工作,"0"表示温备份状态。$W_s^r=(S_s^r,Q_s^r,\widetilde{S}_s^r,\widetilde{Q}_s^r)$为向量,用以表示系统中总的盈余能力($S_s^r$)、总的短缺能力($Q_s^r$)、经过能力共享调整后的盈余能力($\widetilde{S}_s^r$)以及经过能力共享调整后的短缺能力($\widetilde{Q}_s^r$)。这样,利用$U_s^r$与$W_s^r$,便可以明确表示系统在某一特定情形下各单元的状态以及系统的总体运行情况。注意,在系统运行初始时刻,应当有

$$U_0^0=(0,\cdots,0;1_{1,1},\cdots,1_{1,k_1},0_{1,k_1+1},\cdots,0_{1,n_1},\cdots,1_{L,1},\cdots,1_{L,k_L},0_{L,k_L+1},\cdots,0_{L,n_L})$$

$$W_0^0=\Big(\sum_{l=1}^{L}\Big(\sum_{i=1}^{k_l}w_{l,i}-d_l\Big),0,\sum_{l=1}^{L}\Big(\sum_{i=1}^{kl}w_{l,i}-d_l\Big),0\Big)$$

首先考虑系统中的第一次故障对应的多值决策图,如图8-3所示。该决策图共

包含(N+1)个分支,分别表示所有 $N = \sum_{l=1}^{L} n_l$ 个可能发生失效的单元以及系统中无故障这一情形。对应于第 r 个分支,其终值 $\{U_1^r, W_1^r\}$ 明确了相应单元失效后系统中各单元的具体状态以及系统的总体能力。显然,$\{U_1^r, W_1^r\}$ 需要依据 $\{U_0^0, W_0^0\}$ 进行相应修改。首先,由于第 r 个分支对应的单元发生失效,$U_1^r(1,r)$ 应当由 0 变为 1。其次,假设第 r 个分支对应的失效单元为第 l 个子系统中的单元 $A_{l,i}$,则 $A_{l,i}$ 的失效还会导致子系统 l 的总体能力下降,使其变为 $\sum_{j=1}^{k_l} w_{l,j} - X_{l,i}$。此时,若该子系统的能力不低于外界需求 d_l,则将 W_1^r 的第一个与第三个元素变为 $W_0^0 - X_{l,i}$,即可得到 $\{U_1^r, W_1^r\}$。否则,若 $\sum_{j=1}^{k_l} w_{l,j} - w_{l,i} < d_l$,则需要将子系统 l 中的温备份单元 $A_{l,k_l+1}, A_{l,k_l+2}, \cdots$ 依次切换至正常工作状态,直至满足子系统的外界需求。若将子系统内部的所有温备份单元切换至正常工作状态后该子系统仍无法满足需求,则按照规定次序依次启动子系统 1,2,…内的温备份单元。对应于温备份单元的切换过程,U_1^r 第 2 行的相应元素也需要由 0 变为 1;同时,W_1^r 的各个元素也要重新计算。

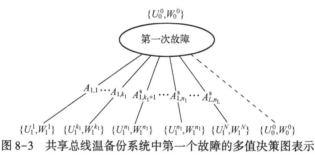

图 8-3 共享总线温备份系统中第一个故障的多值决策图表示

第二个故障的决策图表示在第一个故障的决策图基础上得到。对应于图 8-3 中的左起 N 个分支,可以展开第二个故障的决策图(注意,最右分支不再展开)。对应于第一个决策图中的第 r 个分支,可以按照如下步骤展开相应的第二个故障的决策图。首先,复制第一个故障的决策图。其次,删除该图中的第 r 个分支。这一步骤是考虑到第 r 个分支对应的单元已经作为第一个故障发生了,不可能作为第二个故障再次失效,因此在构造第二个故障的决策图时无需考虑这一分支。然后,修改剩余分支中各分支的终值 $\{U_2^r, W_2^r\}$。在这一步骤中,U_2^r 第 1 行元素的修改比较简单,仅需将对应于相应分支的元素由 0 变为 1 即可。第 2 行元素的修改则需要考虑失效发生单元所处的子系统的需求满足情况以及是否需要温备份单元切换至工作状态。若发生温备份单元的切换,则需要将 U_2^r 第 2 行中对应于切换单元的元素由 0 变为 1。W_2^r 的更新可以根据 U_2^r 以及式(8-1)、式(8-3)和式(8-4)重新计算得到。

针对图 8-3 中的最右分支,即 $A_{1,1}$ 作为第一个故障发生这一情形,按上述方法构造得到第二个故障的决策图如图 8-4 所示。

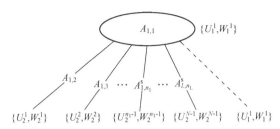

图 8-4 共享总线温备份系统中第二个故障的多值决策图表示

类似地,可以在第 s 个故障的基础上构造第 $s+1$ 个故障的决策图。通过构造每一故障的决策图并将其依次组合,可以得到基于故障序列的系统级多值决策图。具体地,整个系统级多值决策图的建立过程如下。

步骤 1:建立第一个故障的多值决策图,并将其作为临时的系统决策图。$s=1$。

步骤 2:对于临时系统决策图中的每一个待展开分支,根据该分支对应的第 s 个故障的决策图,构造第 $s+1$ 个故障的决策图并将其置于该分支之后。令 $s=s+1$。

步骤 3:若临时系统决策图中所有分支都不可继续展开,即这些分支属于最右分支或者相应分支对应的终值 W_s^r 的最后一个元素 $\widetilde{Q}_s^r$ 大于 0 (表示系统存在性能短缺,即系统故障了),则终止系统决策图的构造。此时便得到了系统级的多值决策图模型。否则回到步骤 2。

为具体说明这一次过程,我们针对前一节中的发电系统建立决策图模型。该发电系统包含两个子系统,共 4 个单元。在初始时刻,所有单元均完好;单元 $A_{1,1}$,$A_{2,1}$ 与 $A_{2,2}$ 处于正常工作状态,而单元 $A_{1,2}$ 处于温备份状态。相应地,两个子系统的盈余能力分别为 0 和 2。因此有

$$U_0^0 = \begin{pmatrix} 0,0,0,0 \\ 1,0,1,1 \end{pmatrix}, W_0^0 = (2,0,2,0)$$

如前所述,可以首先得到系统中第一个故障的决策图表示,如图 8-5 所示。该图共有 5 个分支,其中左起 4 个分支分别表示系统中可能发生故障的 4 个单元,最右分支则表示系统中实际上并未发生故障的单元。根据前文描述的规则,4 个分支的终值分别为

$$U_1^1 = \begin{pmatrix} 1,0,0,0 \\ 1,1,1,1 \end{pmatrix}, W_1^1 = (2,0,2,0)$$

$$U_1^2 = \begin{pmatrix} 0,1,0,0 \\ 1,0,1,1 \end{pmatrix}, W_1^2 = (2,0,2,0)$$

$$U_1^3 = \begin{pmatrix} 0,0,1,0 \\ 1,1,1,1 \end{pmatrix}, W_1^3 = (10,3,7,0)$$

$$U_1^4 = \begin{pmatrix} 0,0,0,1 \\ 1,1,1,1 \end{pmatrix}, W_1^4 = (10,3,7,0)$$

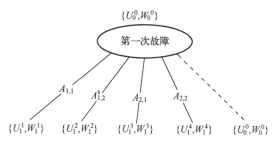

图 8-5 发电系统中第一个故障的多值决策图表示

对于该故障决策图中左侧 4 个分支,按照前述步骤,可以依次构造第二次故障的决策图,如图 8-6 所示。可以看到,图 8-6(a)与图 8-6(b)中左侧 3 个分支的终值中 W_2 的第四个元素 $\widetilde{Q}_2^i$ 均大于 0。这意味着,若这些分支对应的单元发生失效,则系统中会存在能力短缺,即这些分支对应的情形将会导致系统故障,因此将不再展开这些分支。图 8-6(c)与图 8-6(d)中的左侧两个分支也是同样的情形,但第三个分支的实际短缺能力等于 0,表示该分支对应的单元若发生失效,系统中暂时不会出现能力短缺,因而可以继续展开。

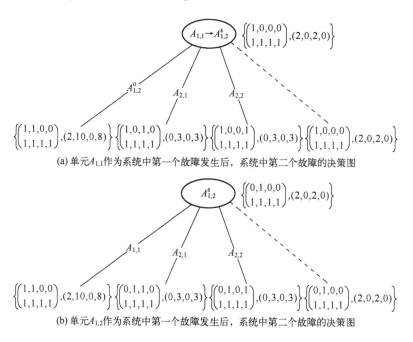

(a) 单元 $A_{1,1}$ 作为系统中第一个故障发生后,系统中第二个故障的决策图

(b) 单元 $A_{1,2}^s$ 作为系统中第一个故障发生后,系统中第二个故障的决策图

第 8 章 带共享总线的温备份系统可靠性

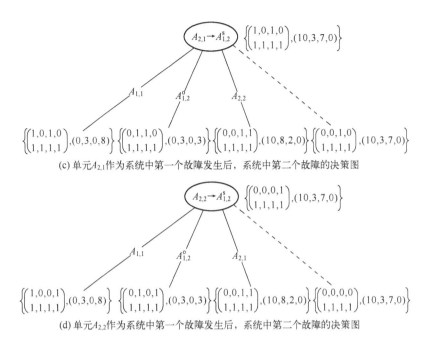

(c) 单元$A_{2,1}$作为系统中第一个故障发生后，系统中第二个故障的决策图

(d) 单元$A_{2,2}$作为系统中第一个故障发生后，系统中第二个故障的决策图

图 8-6 发电系统中第二个故障的多值决策图表示

对图 8-6(c)与图 8-6(d)中左起第三个分支进行展开,随后得到系统中第三个故障的决策图,如图 8-7 所示。可以看到,在第三个故障的决策图中,所有分支(不包括最右分支)的终值$\widetilde{Q}_3$均大于 0,因此无需再继续考虑第四个故障的决策图。

在获得各个故障级别的决策图表示后,系统级的决策图表示可以根据前文所述的方法得到。对于该发电系统,其系统级的多值决策图如图 8-8 所示。这里,我们仅保留对应于系统可靠情形的路径,将会导致系统故障的路径删除。例如,当单元$A_{1,1}$作为系统中第一个故障发生时,我们删除第二个故障的决策图中左侧的 3 个分支而仅保留其最右分支(图 8-6(a))。

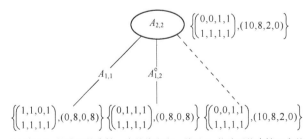

(a) 单元$A_{2,1}$作为系统中第一个故障发生、单元$A_{2,2}$作为系统中第二个故障发生后,系统中第三个故障的决策图

111

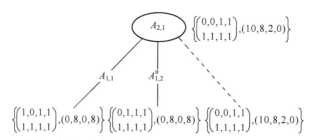

(b) 单元$A_{2,2}$作为系统中第一个故障发生、单元$A_{2,1}$作为系统中第二个故障发生后，系统中第三个故障的决策图

图 8-7 发电系统中第三个故障的多值决策图表示

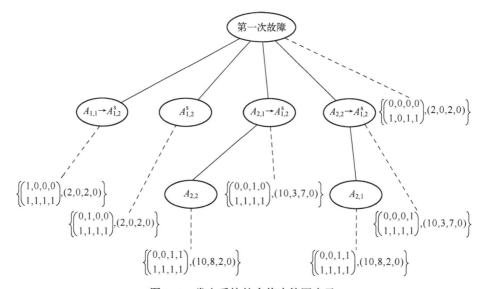

图 8-8 发电系统的多值决策图表示

8.3 系统可靠度的计算

根据 8.2 节方法可获得系统的决策图表示。其中，每一路径对应于某一可能发生但不会导致系统故障的单元失效序列。相应地，系统的可靠度等于决策图中所有路径的发生概率之和：

$$R_S(T) = \sum_b \Pr\{\text{Path}_b\} \tag{8-6}$$

式中：b 为决策图中的路径数。因此，计算系统的可靠度等价于计算决策图中每一路径的发生概率。决策图中任意路径的发生概率可以按照 4.4 节中的方法进行，这里不再赘述。例如，考虑图 8-8 中左起第三条路径"$\{A_{2,1} \to A_{1,2}^s\} \to \{A_{2,2}\} \to \{U,W\}$"，它对应于"单元$A_{2,1}$作为系统中第一个故障发生且温备份单元$A_{1,2}^s$切换至正常工作状态,随后单元$A_{2,2}$作为系统中第二个故障发生"这一情形。注意到,这一情形下温备份单元$A_{1,2}^s$的切换是由于共享总线的存在,使得子系统1可以向子系统2共享其能力。对应于这一情形,该路径的发生概率为

$$\Pr\{\text{Path}\} = p_2 R_{1,1}(T) \int_0^T \int_{t_1}^T f_{2,1}(t_1) R_{1,2}^s(\tau_1) R_{1,2}^o(T-t_1) f_{2,2}(t_2) \mathrm{d}t_1 \mathrm{d}t_2$$

(8-7)

式中:T为运行时间;$f(\cdot)$;$F(\cdot)$与$R(\cdot)$分别为单元寿命的概率密度函数、累积分布函数以及可靠度函数。积分变量t_1与t_2分别表示第一个和第二个故障发生的时间;单元$A_{2,1}$在时刻t_1发生失效同时温备份单元$A_{1,2}$切换至正常工作状态并保持至时刻T的概率为$p_2 f_{2,1}(t_1) R_{1,2}^s(\tau_1) R_{1,2}^o(T-t_1) \mathrm{d}t_1$,随后单元$A_{2,2}$在时刻$t_2$发生失效的概率为$f_{2,2}(t_2) \mathrm{d}t_2$。注意,$0<t_1<t_2<T$。另外,单元$A_{1,1}$始终保持在工作状态,概率为$R_{1,1}(T)$。因此,我们得到了式(8-7)中给出的路径发生概率。

8.4 算例分析

为说明前文所述方法,本小节通过具体例子演示基于多值决策的共享总线温备份系统可靠度计算方法。

8.4.1 发电系统——指数分布

首先考虑前面提到的发电系统例子。假设该系统中4个单元在工作状态与温备份状态下的寿命均服从指数分布$F(t)=1-\exp\{-\lambda t\}$,具体分布情况如表8-2所列。

表8-2 指数假设下发电系统中单元的寿命分布情况

单元	工作模式失效率(λ^o)	备份模式失效率(λ^s)
$A_{1,1}$	1/100	—
$A_{1,2}$	1/150	1/300
$A_{2,1}$	1/150	—
$A_{2,2}$	1/100	—

为展示不同的共享总线传输能力以及温备份单元的切换失效概率对系统可靠度的影响,我们考虑表8-3所列的不同参数组合。注意到,当共享总线能力低于8MW时,子系统1能够通过共享总线向子系统2提供的能力不会超过8MW;此时,若子系统2中两个单元均失效,则整个系统会因为子系统2无法满足外界需求而

故障。反之,当共享总线传输能力超过 8MW,则在子系统 2 中所有单元均失效后,子系统 1 仍可能通过共享总线提供足够的能力,保证整个系统的运行。因此,对于表 8-3 中的参数组合 2 和参数组合 4,子系统 2 最多允许一个故障。

表 8-3 不同共享总线能力与单元切换失效概率

参 数 组 合	1	2	3	4
共享总线能力 C	10	5	10	5
温备份单元切换失效概率 p_2	0	0	0.1	0.1

不同参数组合下系统的可靠度随时间的变化如图 8-9 所示。可以看到,当共享总线传输能力下降时,系统的可靠度显著下降;这表明共享总线对系统可靠度具有直接而显著的影响。当然,当温备份单元的切换失效概率增大后,系统可靠度也会出现明显的降低。

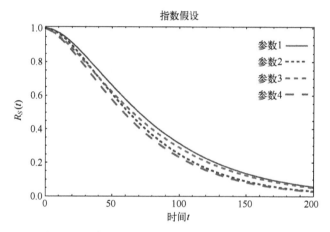

图 8-9 指数假设下不同参数下发电系统的可靠度

8.4.2 发电系统——威布尔分布

本章提出的决策图方法适用于单元寿命服从任意分布的情形。仍考虑发电系统,但假设系统中单元的寿命服从威布尔分布 $F(t) = 1 - \exp\left\{-\left(\dfrac{t}{\eta}\right)^m\right\}$,其中具体的分布参数如表 8-4 所列。对于表 8-3 中给出的 4 种不同总线能力与切换失效概率组合,可以得到如图 8-10 所示的系统可靠度。可以看到,与指数寿命假设情形类似,共享总线的传输能力对系统可靠度有直接影响。同时,切换失效也会降低系统的整体可靠度。

表 8-4 威布尔假设下发电系统中单元的寿命分布情况

单 元	工 作 模 式		备 份 模 式	
	形状参数 m	尺度参数 η	形状参数 m	尺度参数 η
$A_{1,1}$	200	2	—	—
$A_{1,2}$	150	1.5	300	1.5
$A_{2,1}$	150	2	—	—
$A_{2,2}$	200	1.5	—	—

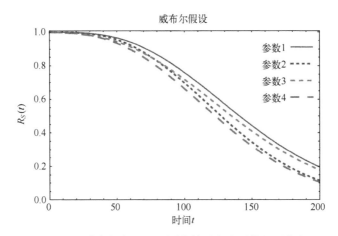

图 8-10 威布尔假设下不同参数下发电系统的可靠度

8.4.3 包含 3 个子系统的共享总线温备份系统

为进一步说明决策图方法,考虑一个包含 3 个子系统的共享总线温备份系统。假设系统中单元寿命服从指数分布,系统的具体配置如表 8-5 所列。可以看到,在初始时刻,每一子系统中仅有前两个单元处于正常工作状态,而第三个单元则处于温备份状态。

利用前文的决策图方法,可以首先得到系统级的多值决策图。在该决策图中,对应系统可靠这一结果共有 618 条路径,即共有 618 种可能的故障序列,使得系统在这些故障发生时仍能保持工作。系统的可靠度可以通过计算系统中每一路径的发生概率得到。假设系统中 3 个温备份单元的切换失效概率均为 p。图 8-11 给出了不同切换失效概率下的系统可靠度。可见,温备份单元的切换失效显著降低系统的可靠度,因此,在进行温备份系统设计时要格外注意切换机制的失效情况。

表 8-5　包含 3 个子系统的共享总线温备份系统中单元的寿命分布情况

子系统	需求(d_l)	组成单元	单元能力	工作模式失效率	备份模式失效率
1	20	$A_{1,1}, A_{1,2}$	10	1/100	—
		$A_{1,3}$	10	1/150	1/300
2	30	$A_{2,1}, A_{2,2}$	15	1/150	—
		$A_{2,3}$	15	1/100	1/300
3	40	$A_{3,1}, A_{3,2}$	20	1/200	—
		$A_{3,3}$	20	1/150	1/400

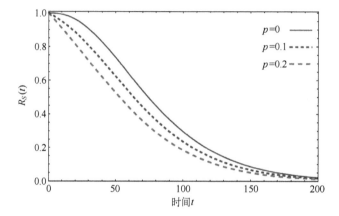

图 8-11　包含 3 个子系统的共享总线温备份系统在不同切换失效概率下的可靠度

参考文献

[1] LISNIANSKI A, DING Y. Redundancy analysis for repairable multi-state system by using combined stochastic processes methods and universalgenerating function technique [J]. Reliability Engineering & System Safety, 2009, 94(11): 1788-1795.

[2] XIAO H, PENG R. Optimal allocation and maintenance of multi-state elements in series-parallel systems with common bus performance sharing [J]. Computers & Industrial Engineering, 2014, 72: 143-151.

[3] YU H, YANG J, MO H. Reliability analysis of repairable multi-state system with common bus performance sharing [J]. Reliability Engineering & System Safety, 2014, 132: 90-96.

第 9 章

具有多阶段任务要求的温备份系统可靠性

吾生也有涯,而知也无涯。

——《庄子·养生主》

前几章中,我们考虑了系统在固定外界需求情形下的系统可靠性建模。在现实生活中,外界的需求可能是变化的。特别地,系统可能需要完成包含若干个子任务且每一子任务具有不同要求的多阶段任务。系统的每个阶段可以具有确切的或者随机的时间长度,并且系统在每个阶段所处的环境和所经受的应力都可能不同[1-2]。这类情形可见于航空领域、核能领域、电信领域等[3-4];相应地,具有多阶段任务要求的系统常称为多阶段任务系统,或者阶段使命系统(Phased-Mission Systems,PMS)[5-6]。多阶段任务系统的一个经典例子是飞机。飞机的航行任务通常要经过地面滑行阶段、起飞阶段、上升阶段、水平飞行阶段、下降阶段和着陆阶段[7-9]。对于一个含有两个引擎的飞机,滑行阶段可能只需要一个引擎就可以工作,而在起飞阶段需要两个引擎才能正常起飞。并且,相比其他阶段,引擎在起飞阶段最容易发生故障。电力系统是另一个多阶段任务系统的典型例子,外界在不同的时间段对电站有不同的发电量要求。

多阶段任务系统的可靠性建模比单阶段系统要复杂很多,因为多阶段任务系统在各个阶段的性能具有相关性,即系统在一个阶段开始时的性能与上一个阶段结束时的性能相关[10]。Xing 与 Amari[11] 回顾了多阶段任务系统的可靠性建模和分析研究,指出多阶段任务系统的可靠性分析手段主要包括分析方法和仿真方法。众所周知,仿真方法在分析系统可靠性时比较灵活、强大,但是需要消耗很多的时间和占用很大的计算资源。更重要的是,仿真的结果只是一个近似,有时很难用于进一步的分析。与之对比,分析方法可以把系统的结构和可靠性明确地用公式或者算法表示出来,并且可以用于系统结构优化等进一步的研究。分析方法可以进一步划分为基于状态空间的模型[8,12-13]、组合模型[2,9,14,15] 以及混合模型[16]。基于状态空间的模型(特别是马尔可夫模型和 Petri 网)的复杂度会随着系统规模的增加而呈指数增加,所以很难应用于大型的多阶段任务系统。组合的方法使用布尔代数和决策图来减少复杂度,使得对大型系统的可靠性分析成为可能。例如,Peng等[3]使用多值决策图研究了一个并联多阶段任务系统的可靠性,而Peng等[17]则利用通用生成函数方法对一个串-并联多阶段任务系统的可靠性进行了研究。

由于多阶段任务系统复杂的任务要求,需要在系统中配置一定的冗余单元以保证系统的可靠性。温备份作为一种冗余方式,可取得故障恢复时间和能源消耗的平衡,适合配置在多阶段任务系统中。当前关于配有温备份的多阶段任务系统可靠性的研究较少。本章针对这类系统,利用决策图方法对系统进行可靠性建模。

9.1 系统描述

考虑一个包含 n 个单元 $A_1,\cdots,A_n$ 的系统。该系统需要完成一个包含 m 个阶段的任务。这 m 个阶段是依次衔接且没有重叠的,其中第 j 个阶段的持续时间为 τ_j。记 $T_j = \sum_{l=1}^{j} \tau_j$。单元 A_i 在任一任务阶段 j,当其处于正常工作状态下时,均可以提供对应的工作能力 $w_{i,j}$。以电厂为例,A_i 可以是电厂中的某一个发电机,而 $w_{i,j}$ 则是其在某一时段的发电功率。当完成任务的某一阶段并转入下一阶段时,工作单元的能力随之变化。系统的总能力等于其组成单元的能力之和。在每一个阶段,系统能力均需要满足一定的任务需求 d_j。例如,d_j 可以是发电厂在一天中某一时段需要满足的发电功率。记 $D = (d_1,\cdots,d_m)$。当任一阶段的任务需求无法满足时,则认为整个任务失败。

假设单元的寿命分布情况仅依赖于单元所处的工作状态,而与其所处的任务阶段无关。具体地,假设单元 A_i 在温备份状态下的寿命服从某一任意分布 $F_i^s(t)$,在工作状态下的寿命服从分布 $F_i^o(t)$。在该多阶段任务开始时,单元 $A_1,\cdots,A_k$ 处于正常工作状态,而其他 $(n-k)$ 个单元则处于温备份状态。每当系统中发生单元失效,导致系统能力低于该阶段的任务需求时,则系统自动将可用的温备份单元切换至正常工作状态。其中,温备份单元的切换次序按照其下标大小从小到大依次进行,即 A_{k+1} 在需要的时刻首先切换至工作状态,随后 $A_{k+2},A_{k+3}\cdots$,直至 A_n。这里,假设系统中的单元在任务进行中是不可修的。一旦某一单元在任务中某一时刻失效,则该单元在随后的任务中将一直处于失效状态。

9.2 系统决策图的构造

温备份系统的可靠性建模中,关键是获得系统中所有可能的单元失效序列。

第9章 具有多阶段任务要求的温备份系统可靠性

根据前几章中单阶段任务下温备份系统的可靠性建模思想,可以类似地利用决策图方法对多阶段任务下温备份系统进行可靠性建模。基于多值决策图的可靠性建模方法中,首先需要构造多值决策图表示系统中的故障序列。随后,确定故障序列与其发生概率的对应关系,最后得到系统的可靠度。下面介绍多阶段任务下温备份系统的多值决策图构造方法。

类比单阶段任务中的温备份系统,考虑如下的故障序列:

系统中第一个故障发生在第 j_1 阶段,失效单元为 A_{i_1};第二个故障发生在第 j_2 阶段,失效单元为 A_{i_2};……第 r 个故障发生在第 j_r 阶段,失效单元为 A_{i_r}。

可以验证,该多阶段任务系统的任意可能故障序列均可以由上面的一般形式所概括。显然,应当有 $r \leqslant n$ 且 $j_1 \leqslant j_2 \leqslant \cdots \leqslant j_r$。为表示这样的故障序列,可按照故障的发生次序(个数)依次考虑序列中的故障情况。

首先考虑第一个故障。系统中第一个故障是任意的:它可以发生在 m 个阶段的任意某一阶段,发生失效的单元也可以是 n 个单元中的任意一个。因此,第一个故障对应的可能情形共有 nm 种。为了表示这所有的情形,可构造如图 9-1 所示的决策图。该决策图中,从左至右的 nm 个分支分别表示系统中第一个发生的故障所对应的某一可能情形。其中,第 $(i-1)m+j$ 个分支对应于"系统中第一个失效单元为 A_i,该故障发生于第 j 阶段"。该分支对应的终值为一个 $2 \times m$ 矩阵 $M_{i,j}$,其中 $M_{i,j}$ 的第一行与第二行分别对应于相应分支的对应情形发生后对系统的实际能力与可用能力造成的影响。其中,对于初始工作单元 $A_i(1 \leqslant i \leqslant k)$,若其在阶段 j 发生失效,由于 A_i 不可修,系统在阶段 j 及随后的所有阶段都将损失 A_i 在相应阶段的能力;同时,由于 A_i 为初始工作单元,其失效将导致系统的实际能力与可用能力同时降低。因此,第 $(i-1)m+j(1 \leqslant i \leqslant k)$ 个分支对应的终值为

$$M_{i,j} = \begin{pmatrix} 0, \cdots, 0, w_{i,j}, \cdots, w_{i,n} \\ 0, \cdots, 0, w_{i,j}, \cdots, w_{i,n} \end{pmatrix} \quad (i \leqslant k)$$

例如,第一个分支的终值为

$$M_{1,1} = \begin{pmatrix} w_{1,1}, \cdots, w_{1,n} \\ w_{1,1}, \cdots, w_{1,n} \end{pmatrix}$$

其表示若第一个故障发生于阶段 1 且失效单元为 A_1,则系统在所有阶段的实际能力与可用能力都将遭受损失。

对于温备份单元 $A_i(k+1 \leqslant i \leqslant n)$,若其在阶段 j 发生失效,则系统在阶段 j 及随后的所有阶段的可用能力将会因 A_i 的失效而下降,但是由于温备份单元在备份状态下并不贡献系统的实际能力,其失效不会对系统的实际能力造成影响。因此,第 $(i-1)m+j(k+1 \leqslant i \leqslant n)$ 个分支对应的终值为

119

$$M_{i,j} = \begin{pmatrix} 0,\cdots,0 \\ 0,\cdots,0,w_{i,j},\cdots,w_{i,n} \end{pmatrix} \quad (i \geqslant k+1)$$

这样，nm 个分支及其终值便完整地描述了温备份系统中第一个故障对应的所有可能情形。

为了其后的故障级决策图以及系统级决策图的构造，还需要额外考虑一种情形，即系统中并未发生第一次故障这一情形，即系统直至任务结束未发生任何故障的情形。对应这一情形，在第一个故障的决策图中加入最右分支，如图 9-1 所示。该分支的终值也是一个 $2 \times m$ 矩阵 M，但与其他分支不同，该矩阵的第 1 行与第 2 行分别表示系统中未发生故障时系统在各阶段的实际能力与可用能力。具体地，矩阵 M 的第 1 行第 j 个元素为 $\sum_{i=1}^{k} w_{i,j}$，表示若系统在任务过程中未发生故障，则系统在第 j 阶段的实际能力为 $\sum_{i=1}^{k} w_{i,j}$。类似地，矩阵 M 的第 2 行第 j 个元素为 $\sum_{i=1}^{n} w_{i,j}$，表示在任务过程中未发生故障的情况下，系统在第 j 阶段的可用能力为 $\sum_{i=1}^{n} w_{i,j}$。

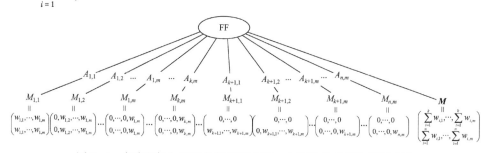

图 9-1　多阶段任务下温备份系统中第一个故障的多值决策图表示

这里应当注意如下问题：由于决策图构造的目的是为了表示系统能够完成既定任务的所有可能故障情形，因此无需考虑系统中将导致任务失败的故障情形。因此，我们假设图 9-1 中的 nm 个故障情形都不会导致任务失败。换言之，对于 nm 种可能的故障情形，系统在故障发生后仍能满足所有 m 个阶段的任务需求，即

$$\min(M(2,:) - M_{i,j}(2,:) - D) \geqslant 0$$

式中：$M(2,:)$ 与 $M_{i,j}(2,:)$ 分别表示矩阵 M 与 $M^{i,j}$ 的第 2 行元素对应的向量。

回顾单阶段任务下温备份系统的构造方法，第二个故障的决策图表示是在第一个故障的决策图的基础上，通过 4 步修改方法获得的。在多阶段任务下，仍然可以利用类似的方法获得第二个故障的决策图。对于图 9-1 中左侧任一分

支,如第$(i-1)m+j$个分支,可依照如下步骤获得其对应的第二个系统故障的决策图表示。

步骤 1:复制第一个故障的多值决策图,将节点记号由 FF 变为"$A_i,(t_0,t_{j,1})$",以表示单元 A_i 从时刻 $t_0=0$ 开始工作直至时刻 $t_{j,1}$ 发生失效,其中 $t_{j,1}$ 表示阶段 j 中的第一个故障。

步骤 2:更新最右分支矩阵:$M=M-M_{i,j}$。注意,最右分支始终表示故障发生的对立事件,即"系统在任务过程中未发生第二个故障"这一情形。换言之,最右分支对应的情形表示系统在任务中仅出现了一次故障,该故障发生于阶段 j,失效单元为 A_i(即第一个故障决策图中第 $(i-1)m+j$ 个分支的对应情形)。这一故障导致了系统实际能力与可用能力的下降,下降后的系统能力则为 $M-M_{i,j}$。

步骤 3:切换温备份单元。由于 A_i 在阶段 j 的失效导致了系统实际能力的下降,因此系统在某一阶段的实际能力可能会低于该阶段的任务需求。因为已经假设单元 A_i 在阶段 j 的失效不会导致系统故障,即系统在所有阶段的可用能力仍是大于或等于相应阶段的任务需求的,所以系统仍可能完成任务,但是需要将某些温备份单元切换至正常工作状态,以提高系统的实际能力。我们分别考虑单元 A_i 在阶段 j 失效后的两种情况:①系统的实际能力随之降低且无法满足阶段 j 的任务需求;②系统的实际能力随之降低,且将不能满足第 l 个阶段的任务需求,$l>j$。这两种情形的区别在于,在某种情形下系统需要马上切换温备份单元以弥补能力的不足;而在第二种情形下,系统暂且无需切换温备份单元。当前仅考虑情形一,对应的操作为:针对代表温备份单元 A_{k+1} 的 m 个分支,找出对应于 A_{k+1} 在阶段 j 及之后失效的 $m-j+1$ 个分支(即第 $(i-1)m+j$ 个至第 im 个分支),将这些分支的终值的第 1 行向量全部更替为第 2 行向量。换言之,这 $m-j+1$ 个分支的终值进行了如下变化:

$$\begin{pmatrix} 0,\cdots,0 \\ 0,\cdots,0,w_{k+1,s},\cdots,w_{k+1,m} \end{pmatrix} \rightarrow \begin{pmatrix} 0,\cdots,0,w_{k+1,s},\cdots,w_{k+1,m} \\ 0,\cdots,0,w_{k+1,s},\cdots,w_{k+1,m} \end{pmatrix} \quad (s=j,\cdots,m)$$

这一操作表示单元 A_{k+1} 在阶段 j 由温备份切换至工作状态,使得若单元 A_{k+1} 在随后失效,则会同时造成系统实际能力与可用能力的降低。由于 A_{k+1} 的切换带来了系统实际能力的提升,因此需要同步更新最右分支的终值:

$$M(1,s)=M(1,s)+w_{k+1,s} \quad (s=j,\cdots,m)$$

式中:$M(1,s)$ 表示矩阵 M 第 1 行第 s 个元素。经过 A_{k+1} 的切换,系统在阶段 j 的实际能力得到提高。若此时系统在阶段 j 的能力仍无法满足任务需求,即 $M(1,j)<d_j$,则需要继续将 A_{k+2} 切换至工作状态。相应地,其对应的分支的终值以及最右分支的终值都需要更新。如此切换温备份单元,直至系统在阶段 j 的能力满足该阶段的任务需求。假设这里共有 r 个温备份单元 $A_{k+1},\cdots,A_{k+r}$ 进行了切换。为显式表示这

一过程，我们将节点标记改为 $A_i \rightarrow (A_{k+1}, \cdots, A_{k+r}), (t_0, t_{j,1}]$。其中，"$A_i \rightarrow (A_{k+1}, \cdots, A_{k+r})$"表示单元 A_i 在阶段 j 的失效导致了温备份单元 $A_{k+1}, \cdots, A_{k+r}$ 在该阶段的切换。同时，将温备份单元 $A_{k+1}, \cdots, A_{k+r}$ 对应的所有分支的终值由 $M_{k+1,s}, \cdots, M_{k+r,s}$ 变为 $(M_{k+1,s}, t_{j,1}), \cdots, (M_{k+r,s}, t_{j,1})$ ($s=j, \cdots, m$)，以明确表示这些温备份单元切换至正常工作状态的起始工作时间。

步骤 4：裁剪分支。对得到的决策图需要进行如下 3 类裁剪。

(1) 删除所有与 A_i 相关的 m 个分支。由于决策图中的分支对应于第二个故障的所有可能情形，而单元 A_i 作为第一个故障已经于阶段 j 发生失效，因此它不可能再作为第二个故障发生。

(2) 删除所有 j 阶段之前的失效情形对应的分支。由于第一个故障发生于阶段 j，第二个故障必定发生于阶段 j 及其随后阶段，因此需要将前面阶段对应的故障情形剔除。

(3) 对于剩下的任一分支，记其终值为 M。计算 $M(2,s)-M(2,s)$，以确定该分支对应的第二个故障发生后系统在各阶段的可用能力。若 $\min\{M(2,:)-M(2,:)-D\}<0$，则表示剩余的可用系统能力无法满足某一阶段的需求。这意味着若该分支对应的情形发生，将会导致任务失败。因此，在计算系统的可靠度时无需考虑这一情形，需要删除这一分支。

这样，经过上面 4 步修改，可以得到在已知 A_i 在阶段 j 作为系统中第一个故障发生的条件下，系统中第二个故障对应的可能情形。例如，图 9-2 给出了在单元 A_i 作为系统中第一个故障在阶段 j 失效且温备份单元 A_{k+1} 随之切换到了正常工作状态的情况下，系统中第二个故障对应的决策图。注意，与 A_i 有关的分支以及与阶段 j 之前阶段有关的分支均已移除(假设剩下的分支对应的失效不会导致任务失败，因此无需移除)。另外，温备份单元对应分支的终值以及最右分支的终值也都进行了更新：

$$\widetilde{M}(k+1,s) = \begin{pmatrix} 0, \cdots, 0, w_{k+1,s}, \cdots, w_{k+1,m} \\ 0, \cdots, 0, w_{k+1,s}, \cdots, w_{k+1,m} \end{pmatrix} \quad (s=j, \cdots, m)$$

$$\widetilde{M} = \begin{pmatrix} \sum_{l=1,l\neq i}^{k} w_{l,1}, \cdots, \sum_{l=1,l\neq i}^{k} w_{l,j-1}, w_{k+1,j}+\sum_{l=1,l\neq i}^{k} w_{l,j}, \cdots, w_{k+1,m}+\sum_{l=1,l\neq i}^{k} w_{l,m} \\ \sum_{l=1,l\neq i}^{n} w_{l,1}, \cdots, \sum_{l=1,l\neq i}^{n} w_{l,m} \end{pmatrix}$$

另外可以看到，所有分支的终值均包括了单元在正常工作状态下的起始工作时间。其中，所有初始工作单元的起始工作时间为 $t_0=0$，发生切换的温备份单元 A_{k+1} 的起始工作时间记为 $t_{j,1}$，未发生切换的其他温备份单元的起始工作时间暂记为 t_0。

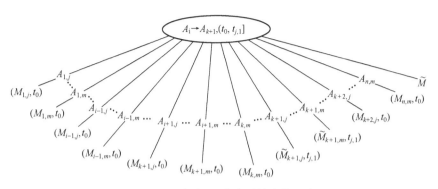

图 9-2 A_i 在阶段 j 作为系统中第一个
故障发生的条件下系统中第二个故障对应的决策图

类似地,可以根据第二个故障的决策图修改得到第三个故障的多值决策图。一般地,利用前面的 4 步规则,可以通过修改前一个故障的决策图得到随后的决策图。在构造第 l 个故障的决策图时,需要格外注意步骤 1 中工作区间的确定。对于第 l 个故障,其起始工作时间应该由第 $(l-1)$ 个故障的决策图中对应分支的终值给出。例如,若针对图 9-2 中最左端的分支继续构造第三个故障的决策图,则该决策图的节点应具有如下形式:

$$A_1, (t_0, \sim]$$

式中:"~"表示未定的终止工作时间(失效或任务结束)。而若对图 9-2 中 $A_{k+1,j}$ 对应的分支继续构造第三个故障的决策图,则该决策图的节点的形式则是

$$A_{k+1}, (t_{j,1}, \sim]$$

注意,这里第三个故障的决策图的节点中,工作区间的左端是依据第二个故障的决策图中相应分支的终值确定的。

对于第 l 个故障,其终止工作时间的确定规则如下:若第 l 个故障发生的阶段 j_l 与它前面的第 $(l-1)$ 个故障的发生阶段 j_{l-1} 相同,则该故障对应单元的终止工作时间应记为 $t_{j_{l-1}, r_{l-1}+1}$,其中 $t_{j_{l-1}, r_{l-1}}$ 为第 $(l-1)$ 个故障的终止工作时间的记号,表示阶段 j_{l-1} 中发生的第 r_{l-1} 个故障。若第 l 个故障发生的阶段 j_l 在 j_{l-1} 之后,即 $j_{l-1}<j_l$,则将该故障对应单元的终止工作时间记为 $t_{j_l,1}$。仍以图 9-2 为例,最左端的分支继续构造第三个故障的决策图,则该决策图的节点应具有如下形式:

$$A_1, (t_0, t_{j,2}]$$

这是因为 A_i 在阶段 j 中失效且其为第一个故障,其故障时间为 $t_{j,1}$,所以当 A_1 作为第二个故障也于阶段 j 失效时,应当将其故障时间记为 $t_{j,2}$ 以作区分。而对左数第二个分支,即 $A_{1,j+1}$ 对应的分支继续构造第三个故障的决策图时,其决策图节点的形式则为

$$A_1, (t_0, t_{j+1,1}]$$

这是因为尽管A_1作为第二个故障发生,但该故障是阶段$j+1$的第一个故障,所以应当将其故障时间记为$t_{j+1,1}$。

另外,在前述的 4 步决策图构造方法中,提到了某一单元失效可能导致的两种情形,即系统实际能力可能马上低于本阶段需求,立刻需要温备份单元切换;也可能在当前阶段尚能满足需求,但若没有温备份单元的切换可能会在未来某阶段无法满足需求。针对第二种情形,还需在步骤 1 后补充如下步骤。

步骤 1-1:假设当前节点的失效发生阶段为j_l。

步骤 1-2:记$S_d = \{j \mid 1 \leq j \leq m, M_{1,j} - d_j < 0\}$。若$S_d$非空且$\min\{S_d\} \leq j_l$,则表明在当前失效发生前,系统的实际能力就已经不能满足任务需求了(考虑为什么会出现这种情形?)。此时,依次切换剩余的温备份单元至工作状态,直至系统在阶段$\min\{S_d\}$的能力满足任务需求$d_{\min\{S_d\}}$。对应于温备份单元的切换,相应分支的终值以及最右分支终值需要更新,其中更新方法与前文步骤 3 中温备份切换后的更新方法一致。假设温备份单元相应分支更新后的终值为M,进一步地将该终值表示为$(M, T_{\min\{S_d\}-1})$,以表示该温备份单元于阶段$\min\{S_d\}$开始时切换至正常工作状态。若S_d为空或$\min\{S_d\} > j_s$,则跳至步骤 2。

步骤 1-3:回到步骤 1-2。

结合前文中的 4 步构造法,可以依次构造出系统中所有故障的决策图表示,而系统级的决策图可通过依次组合每一故障的决策图表示得到。为说明这一构造过程,考虑 4.3 节中的三单元温备份系统。这里假定该系统在完成 4.3 节中所述的任务后还需要进一步完成额外的一个任务。该任务阶段的需求为$d_2 = 2$,而该阶段中单元的能力也发生变化,具体如表 9-1 所列。

表 9-1 三单元温备份系统及两阶段任务的参数

系统配置		任务需求
单元	能力	
A_1	(1,2)	$d_1 = 3$
A_2	(2,1)	$d_2 = 2$
A_3	(3,2)	

根据前文中描述的温备份系统决策图的构造方法,该系统决策图的构造过程如图 9-3 所示。为简化表示,仅标记起始工作时间不是t_0的节点。

特别地,构造过程中需注意故障时间的表示方法。例如,对于中间的路径

$$\text{FF} \to \{A_2 \to A_3, (t_0, t_{1,1})\} \to \{A_3, (t_{1,1}, t_{2,1})\} \to \begin{pmatrix} 4,2 \\ 4,2 \end{pmatrix}$$

表示系统中第一个故障发生于阶段 1,失效单元为A_2,同时其失效使得温备份单元

A_3 由温备份状态切换至正常工作状态；第二个故障发生于阶段 2，失效单元为 A_3。这里，A_3 的起始工作时间（在正常工作状态下）即为其切换的时刻 $t_{1,1}$。

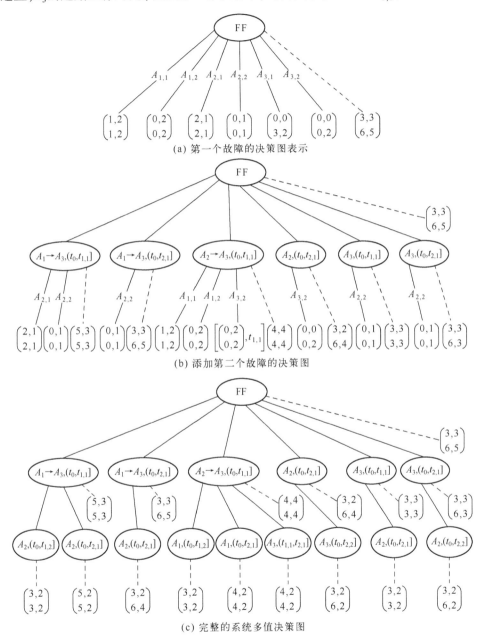

图 9-3 两阶段任务下三单元温备份系统的多值决策图表示

系统决策图中每一条路径对应于系统任务中的一个故障序列。每一路径均以某一"最右分支"作为结尾,且路径的终值给出了对应故障序列下系统在整个任务各个阶段中的实际能力与可用能力。与单阶段任务下温备份系统决策图的构造过程类似,这里最终得到的是对应于任务成功这一情形的所有故障序列。相应地,系统决策图中每一路径的终值均应能够满足任务需求。根据系统多值决策图,系统可靠度便等于决策图中所有路径的发生概率之和。

9.3 系统可靠度的计算

为得到系统的可靠度,需要计算多值决策图中每一路径的发生概率。在单阶段任务下,温备份系统的决策图中每一路径的发生概率可以分解为该路径上所有边的发生概率的乘积,而每一条边的发生概率赋值则与其指向节点的形式具有确定的对应关系。类似地,多任务阶段下多值决策图中路径发生概率也可以这样计算。仍以一个例子说明。考虑图 9-3 中的路径:

$$\text{FF} \rightarrow \{A_2 \rightarrow A_3, (t_0, t_{1,1})\} \rightarrow \{A_3, (t_{1,1}, t_{2,1})\} \rightarrow \begin{pmatrix} 4,2 \\ 4,2 \end{pmatrix}$$

该路径对应于"系统中第一个故障发生于阶段 1,失效单元为 A_2,同时其失效使得温备份单元 A_3 由温备份状态切换至正常工作状态;第二个故障发生于阶段 2,失效单元为 A_3"这一情形。该事件的发生概率可表示为

$$\begin{aligned} \Pr\{\text{Path}\} &= R_1(T_2) \cdot \int_{t_0}^{T_1} f_2(t_{1,1}) R_3^s(t_{1,1}) \left[F_3^o(T_2 - t_{1,1}) - F_3^o(T_1 - t_{1,1}) \right] dt_{1,1} \\ &= R_0(T_2) \times \frac{\int_{t_0}^{T_1} R_3^s(t_{1,1}) R_3^o(T_1 - t_{1,1}) dF_2(t_{1,1})}{R_2(T_2) R_3^s(T_2)} \times \frac{\int_{T_1}^{T_2} dF_3^o(t_{2,1} - t_{1,1})}{R_3^o(T_1 - t_{1,1})} \end{aligned}$$

(9-1)

式中:T_1 与 T_2 分别为阶段 1 的任务时间与总任务的时间。在式(9-1)中,我们将路径的发生概率依照路径上的节点进行分解。其中,$R_0(T_2) = R_1(T_2) R_2(T_2) R_3^s(T_2)$ 为一基本项,对应于系统中所有单元均不发生故障这一事件的概率;第二项 $\int_{t_0}^{T_1} R_3^s(t_{1,1}) R_3^o(T_1 - t_{1,1}) dF_2(t_{1,1}) / [R_2(T_2) R_3^s(T_2)]$ 对应于指向节点"$\{A_2 \rightarrow A_3, (t_0, t_{1,1})\}$"的边;第三项 $\int_{t_1}^{T} dF_2(t_2) / R_2(T)$ 对应于指向节点"$\{A_3, (t_{1,1}, t_{2,1})\}$"的边。这样,该路径的发生概率就分解为路径上每条边对应的项以及因子 $R_0(T)$ 的乘积。值得注意的是,每一条边的概率取决于其指向

节点的形式。例如，节点 $\{A_2 \to A_3, (t_0, t_{1,1})\}$ 表示"单元 A_2 作为阶段 1 中的第一个故障失效并引起温备份单元 A_3 的切换"，而 $\int_{t_0}^{T_1} R_3^s(t_{1,1}) R_3^o(T_1 - t_{1,1}) \mathrm{d}F_2(t_{1,1})$ 则对应于这一事件的概率。

事实上，可以验证决策图中的每一路径均可以进行类似分解。一般地，系统中的节点均可以归纳为以下的范式：

$$A_i \to (A_{i_1}, \cdots, A_{i_r}), (t_{j_1, s_1}, t_{j_2, s_2}] \tag{9-2}$$

式中：t_{j_1, s_1} 与 t_{j_2, s_2} 分别表示单元 A_i 的起始工作时刻与失效发生时刻；$t_{j,s}$ 表示任务中第 j 个阶段的第 s 个失效的发生时刻。即，单元 A_i 在第 j_1 个阶段的第 s_1 个失效处开始工作，并于第 j_2 个阶段作为第 s_2 个失效停止工作。显然，应当有 $j_1 \le j_2$，且当 $j_1 = j_2$ 时，$s_1 < s_2$。这一范式对应于"单元 A_i 从时刻 t_{j_1, s_1} 开始正常工作，于时刻 t_{j_2, s_2} 发生失效，且温备份单元 $A_{i_1}, \cdots, A_{i_r}$ 切换至正常工作状态"。

定义 $t_{j,0} = T_{j-1}$，$t_{1,0} = t_0 = T_0$。根据起始工作时间的不同，可将节点划分为 3 个类型：① $j_1 = 1, s_1 = 0$；② $j_1 > 1, s_1 = 0$；③ $s_1 > 0$。这 3 个类型分别对应于如下 3 种情形：①单元为初始工作单元或温备份单元，从任务起始时开始工作或处于温备份状态；②单元为备份单元，在任务由阶段 $j_1 - 1$ 转换到阶段 j_1 时，由于阶段需求的变化，使得该备份单元于阶段 j_1 起始时刻介入工作；③单元为备份单元，在某一时刻由于主工作单元的失效导致系统性能无法满足需求而立刻切换至工作状态。针对这 3 种不同情形，式 (9-2) 中范式对应的概率赋值分别为

$$\begin{cases} \dfrac{\int_{t_{j_2, s_2-1}}^{T_{j_2}} \prod_{v=1}^{r} [R_{i_v}^s(t_{j_2, s_2}) R_{i_v}^o(T_m - t_{j_2, s_2})] \mathrm{d}F_i^s(t_{j_2, s_2})}{R_i^s(T_m) \prod_{v=1}^{r} R_{i_v}^s(T_m)} & (j_1 = 1, s_1 = 0) \\[2ex] \dfrac{R_i^s(t_{j_1, 0})}{R_i^s(T_m)} \cdot \dfrac{\int_{t_{j_2, s_2-1}}^{T_{j_2}} \prod_{v=1}^{r} [R_{i_v}^s(t_{j_2, s_2}) R_{i_v}^o(T_m - t_{j_2, s_2})] \mathrm{d}F_i^o(t_{j_2, s_2} - t_{j_1, 0})}{\prod_{v=1}^{r} R_{i_v}^s(T_m)} & (j_1 > 1, s_1 = 0) \\[2ex] \dfrac{\int_{t_{j_2, s_2-1}}^{T_{j_2}} \prod_{v=1}^{r} [R_{i_v}^s(t_{j_2, s_2}) R_{i_v}^o(T_m - t_{j_2, s_2})] \mathrm{d}F_i^o(t_{j_2, s_2} - t_{j_1, s_1})}{\prod_{v=1}^{r} R_{i_v}^s(T_m) \times R_i^o(T_m - t_{j_1, s_1})} & (s_1 \ne 0) \end{cases} \tag{9-3}$$

式中：积分区间 $(t_{j_2, s_2-1}, T_{j_2}]$ 表示单元 A_i 的失效发生时间在其前一个故障的发生时间之后 ($s_2 > 1$) 或者在阶段 j_2 内 ($s_2 = 1$)。由于初始工作单元并没有温备份状态，可假定其温备份下的寿命分布与正常工作相同。情形①对应于初始工作单元或温备

份单元在温备份状态下失效,相应的发生概率密度为 $\mathrm{d}F_i^s(t_{j_2,s_2})$。情形②对应于系统在上一阶段能够满足任务需求,但下一阶段中由于任务需求增大而使得系统能力变得不足,因此需要温备份单元在阶段起始时刻切换至正常工作状态。这种情况下,温备份单元在某一阶段一开始 $t_{j_1,0}$ 便切换至正常工作状态,因而相应的失效概率密度为 $\mathrm{d}F_i^o(t_{j_2,s_2}-t_{j_1,0})$。情形③对应于因某一故障而切换的温备份单元在正常工作状态下的失效,该温备份单元进入正常工作状态的时刻为 t_{j_1,s_1},因此相应的失效概率密度为 $\mathrm{d}F_i^o(t_{j_2,s_2}-t_{j_1,s_1})$。

式(9-3)主要考虑了温备份单元的不同行为,分别给出了对应的概率表达式。可以看到,如果令式(9-3)中第二式的 $j_1=1$,则该式变为

$$\frac{\int_{t_{j_2,s_2-1}}^{T_{j_2}} \prod_{v=1}^{r} [R_{i_v}^s(t_{j_2,s_2}) R_{i_v}^o(T_m - t_{j_2,s_2})] \mathrm{d}F_i^o(t_{j_2,s_2})}{R_i^s(T_m) \prod_{v=1}^{r} R_{i_v}^s(T_m)} \tag{9-4}$$

同样地,对于式(9-3)中的第三式,若令 $j_1=1$,$s_1=0$,第三式则变为

$$\frac{\int_{t_{j_2,s_2-1}}^{T_{j_2}} \prod_{v=1}^{r} [R_{i_v}^s(t_{j_2,s_2}) R_{i_v}^o(T_m - t_{j_2,s_2})] \mathrm{d}F_i^o(t_{j_2,s_2})}{R_i^o(T_m) \prod_{v=1}^{r} R_{i_v}^s(T_m)} \tag{9-5}$$

比较可以发现,式(9-4)的分母中包含 $R_i^s(T_m)$,而式(9-5)中对应的是 $R_i^o(T_m)$;式(9-4)与式(9-3)中第一式的区别在于积分变量:式(9-3)的第一式中为 $\mathrm{d}F_i^s(t_{j_2,s_2})$,而式(9-4)与式(9-5)中为 $\mathrm{d}F_i^o(t_{j_2,s_2})$。由于对于初始工作单元已经假定温备份下的寿命分布与正常工作相同,因此,上标"s"与"o"对应相同的分布函数,因而式(9-3)中第一式、式(9-4)以及式(9-5)是等价的。这表明,对于初始工作单元,式(9-3)中3个式子是一致的。

根据这一概率赋值规则,便可以确定所有指向多值决策图中节点的边的概率。另外,令所有指向终点的边的概率赋值为1,$R_0(T_m) = \prod_{i=1}^{k} R_i(T_m) \cdot \prod_{i=(k+1)}^{n} R_i^s(T_m)$,则决策图中每一路径的发生概率等于所有边的对应概率的乘积与 $R_0(T_m)$ 相乘。系统可靠度则是决策图中所有路径的发生概率之和。为说明决策图中的边与其所指向节点的对应关系,图9-4给出了三单元温备份系统的决策图中每一条边对应的概率项。清晰起见,所有指向终节点的边已删除。例如,FF节点下对应于系统中未发生任何故障的边已经删除。

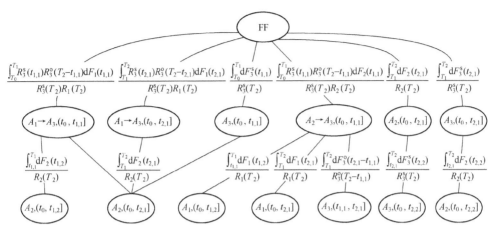

图 9-4 系统多值决策图中边的发生概率赋值

9.4 算例分析

考虑前文提到的两阶段任务三单元温备份系统。假设两个阶段的持续时间为 $\tau_1 = \tau_2 = 1$。记 $T_0 = 0, T_1 = 1, T_2 = 2$。假设 3 个单元在温备份状态下的寿命分布函数为 $F_i^s(t) = 1 - e^{-0.1t}$,在工作状态下的寿命分布函数为 $F_i^o(t) = 1 - e^{-0.2t}$。

由图 9-4 可见,系统中发生两个单元失效且任务成功对应的失效序列有 9 种,发生一个单元失效且任务成功的失效序列有 6 种,同时考虑任务中不存在单元失效的情形,则任务成功共包括 16 种可能的情形。根据图 9-4 所示的边的概率赋值,可以直接得到每一路径的发生概率。例如,最左侧路径的发生概率为

$$\Pr\{\text{Path}\} = R_0(T_2) \times \frac{\int_{T_0}^{T_1} R_3^s(t_{1,1}) R_3^o(T_2 - t_{1,1}) \mathrm{d}F_1(t_{1,1})}{R_3^s(T_2) R_1(T_2)} \times \frac{\int_{t_{1,1}}^{T_1} \mathrm{d}F_2(t_{1,2})}{R_2(T_2)} = 0.0114$$

计算每一路径的发生概率,最后系统可靠度等于 16 条路径的发生概率之和。在给定的参数设定下,可得到该多阶段温备份系统的可靠度为 0.8938。图 9-5 给出了不同样本量下蒙特卡罗仿真得到的系统可靠度值。可以看到,随着样本量的增大,仿真结果逐渐趋于决策图方法给出的系统可靠度,表明所提决策图方法的正确性。

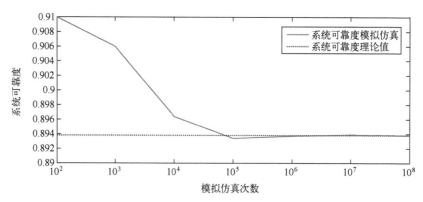

图9-5 蒙特卡罗仿真给出的两阶段三单元温备份系统可靠度

参考文献

[1] PEDAR A,SARMA V. Phased-mission analysis for evaluating the effectiveness of aerospace computing-systems [J]. IEEE Transactions on Reliability,1981,30:429-437.

[2] ZANG X Y,SUN H R,TRIVEDI,K S. A BDD-based algorithm for reliability analysis of phased-mission systems [J]. IEEE Transactions on Reliability,1999,48(1):50-60.

[3] PENG R,ZHAI Q,XING L,YANG J. Reliability of demand-based phased-mission systems subject to fault level coverage [J]. Reliability Engineering & System Safety,2014,121:18-25.

[4] 许双伟,武小悦. 高可靠多阶段任务系统可靠性仿真的高效方法[J]. 装备学院学报,2012,23(3):69-74.

[5] MO YC. Variable ordering to improve BDD analysis of phased-mission systems with multimode failures [J]. IEEE Transactions on Reliability,2009,58(1):53-57.

[6] 莫毓昌,杨孝宗,崔刚,刘宏伟. 一般阶段任务系统的任务可靠性分析[J]. 软件学报. 2007,18(4):1068-1076.

[7] MA Y,TRIVEDI K. An algorithm for reliability analysis of phased-mission systems [J]. Reliability Engineering & System Safety,1999,66:157-170.

[8] SMOTHERMAN M,ZEMOUDEH M. A non-homogeneous Markov model for phased-mission reliability analysis [J]. IEEE Transactions on Reliability,1989,38:585-590.

[9] XING L,DUGAN J B. Analysis of generalized phased-mission system reliability, performance, and sensitivity [J]. IEEE Transactions on Reliability,2002,51:199-211.

[10] 孟礼,武小悦. 基于BDD算法的航天测控系统任务可靠性建模与分析[J]. 装备学院学报,2015,(5):113-119.

[11] XING L,AMARI S V. Reliability of phased-mission systems [M]. Berlin:Springer,2008:349-368.

[12] BONDAVALLI A,CHIARADONNA S,DI GIANDOMENICO F,MURA I. Dependability model-

ing and evaluation of multiple-phased systems using DEEM [J]. IEEE Transactions on Reliability,2004,53:509-522.

[13] CHEW S P,DUNNETT S J,ANDREWS J D. Phased mission modelling of systems with maintenance-free operating periods using simulated Petri nets [J]. Reliability Engineering & System Safety,2008,93:980-994.

[14] REMENYTE-PRESCOTT R,ANDREWS JD,CHUNG P. An efficient phased mission reliability analysis for autonomous vehicles [J]. Reliability Engineering & System Safety,2010,95: 226-235.

[15] TANG Z, DUGAN JB. BDD-based reliability analysis of phased-mission systems with multimode failures [J]. IEEE Transactions on Reliability,2006,55:350-360.

[16] SHRESTHA A,XING L,DAI Y. Reliability analysis of multistate phased-mission systems with unordered and ordered states [J]. IEEE Transactions on Systems, Man and Cybernetics-Part A:Systems and Humans,2011,41:625-636.

[17] PENG R, ZHAI Q, XING L, YANG J. Reliability analysis and optimal structure of series-parallel phased-mission systems subject to fault level coverage [J]. IIE Transactions,2016,48 (8):736-746.

第 10 章

复杂结构的温备份系统可靠性探究

一万年太久,只争朝夕。

——毛泽东《满江红·和郭沫若同志》

10.1 复杂结构的温备份系统

前面各章研究的带有温备份单元的冗余系统都是简单的并联结构,实际中的系统可能拥有更复杂的结构,如串-并联系统、连续 k-n 系统、线形滑窗系统等。

串-并联系统是指系统包括若干个串联的子系统,其中每个子系统包括若干个并联单元[1,2]。串-并联系统的实例包括能源系统、核能系统等。已有许多研究针对串-并联系统中的冗余分配问题进行了探讨,参见文献[3-10]。具体地,Peng 等[11]研究了一个串-并联数据传输系统的最佳结构。Xiao 等[12]研究了含有性能共享组的串-并联系统最佳结构。

连续 k-n 系统包括连续 k-n:G 系统和连续 k-n:F 系统。这两种系统中都包括 n 个单元,其中 G 系统是指系统中至少连续 k 个单元工作时系统才工作,而 F 系统是指至少连续 k 个单元失效时系统才失效。连续 k-n 系统还可以分为线形连续 k-n 系统和环形连续 k-n 系统。连续 k-n 系统的实例包括通信传输系统和控制系统等[13-15]。有大量文献研究了连续 k-n 系统以及其他连续连接系统[16-19]。Shen 和 Cui[20]研究了一个稀疏连接的环形连续系统。Daus 与 Beiu[21]研究了一个线形连续连接系统的可靠度的上下界。Zhu 等[22]研究了单元相关的两个不同连续 k-n 系统中单元的可靠性重要度。Peng 等[18]研究了一个连续系统中的单元最优分配问题。Yu 等[23]针对一个具有两种故障模式的连续系统的可靠性进行了研究。

线形滑窗系统是线形连续 k-n 系统的一种扩展。系统由 n 个线性排列的单元组成,只有当连续 k 个单元的总性能不少于一个规定的需求 d 时,系统才正常工作[24]。该系统的实例可见于通信系统[25]、计算机系统等[26]。一些研究人员研究了滑窗系统及其扩展结构系统的可靠性[27-30]。Xiao 等[31]研究了一个滑窗系统中的最优单元分配问题。Xiao 和 Peng[32]研究了一个滑窗系统的最佳负载分配问题。基于线形滑窗系统,还有很多其他扩展的结构,参见文献[28-29,33-35]。针对具有更复杂拓扑结构的系统可靠性相关研究可参见文献[36-42]。

10.2 系统的可靠性探究

本节致力于探讨如何建立起具有各种复杂结构的含有温备份单元的系统可靠性模型。总体建模思路是首先对系统进行分解,将其分解为若干子系统,而系统的可靠度可以表示成各个子系统的可靠度函数。

比如,一个串-并联系统包含 N 个子系统,每个子系统 i 有 k_i 个工作单元和 (n_i-k_i) 个温备份单元。如果每个子系统中的工作单元和温备份单元具有同样的名义能力,则每一个子系统都是一个 n 中取 k 系统,可以使用第 3 章的方法算出每个子系统 i 的可靠度 R_i。这样,系统的可靠度便可以表示为

$$R_S = 1 - \prod_{i=1}^{N}(1 - R_i) \tag{10-1}$$

如果每个子系统中的单元具有不同的名义能力,系统的能力为各个子系统能力的最小值,外界对系统有一个给定需求,则每个子系统均是一个基于需求的温备份系统。例如,一个串-并联数据传输系统可以包括若干个传输子系统,而每个子系统又可能包含若干个传输通道。串-并联数据传输系统的数据传输速度由传输速度最小的子系统决定。因此,如果定义串-并联传输系统的可靠性为在一定时间内系统的数据传输速度大于某个给定值的概率,则需要计算每个子系统在这段时间内传输速度大于该给定值的概率。为了获得较高的系统可靠度,每个子系统可以只将部分的传输通道设置为工作状态,而将其他的通道设置为温备份状态。这时,可以先利用第 4 章的方法计算出每个子系统的可靠度,然后同样利用式(10-1)得到系统的可靠度。

对于配置有温备份单元的连续 k-n 系统,可以利用同样的思想研究系统的可靠性。例如,一个监控系统可能包括 n 个监测点,这些监测点两两之间间隔一定距离,排列在一条直线上。如果连续 k 个监测点的监测设备无法完成所对应的监测区域的监测,就可能造成关键区域的监测盲区,造成系统故障。为保证系统的高可靠运行,可以在每个监测点放置若干监测设备,其中部分监测设备处于工作状态,部分处于温备份状态。只要每个监测点处有一定数量的监测设备正常工作,就能完成该监测点处的监测任务。对于这类系统,每一个节点处都是一个温备份子系统,而整个系统是包含若干节点的连续 k-n 系统。为计算系统的可靠度,只需首先

计算出每个监测点处温备份子系统的可靠度,然后代入连续 k-n 系统的可靠度计算公式。同样地,如果一个监测点处各个监测设备的名义能力相同,则需要使用第3章的方法;否则需要使用第4章的方法。此外,如果监测设备发生故障时不能及时发现,那么还需要考虑故障覆盖的问题。如果每个监测设备在失效时都有一定概率自动报警,那么就符合第5章中探讨的单元级故障覆盖模型。不仅如此,利用第5章的方法,还可以考虑监测设备之间的切换失效情况。

滑窗系统也可以扩展到含有温备份单元的情况。比如,一个加热系统可能有多个加热子系统,而且这些子系统线形排列。每个子系统中可以包含若干个加热器,部分处于工作状态,部分处于温备份状态。当连续若干子系统的性能小于一定值时,会造成一定区域加热不足,从而导致系统故障。不失一般性,可以假定每个加热器的性能是一个多态的随机变量。因此,可以首先利用第7章的方法得到每个子系统的多值决策图,表示子系统可能的各种状态。通过计算各个路径的发生概率,可以获得每个子系统的性能分布情况。根据每个子系统的性能分布,可以利用通用生成函数方法计算系统的可靠度。

类似地,对于更为复杂的系统,可以首先将其分解为多个包含温备份单元和不包含温备份单元的子系统,然后逐级得到每个子系统的可靠度或者性能分布,并据此计算整个系统的可靠度。当然,也可以利用第4章的基于故障序列的多值决策图方法,直接考虑系统中每一种可能发生的故障序列,计算每一路径的发生概率,进而获得系统的可靠度。通过综合各种可能的故障序列,就可以得出系统的性能分布,进而得出系统的可靠性。

在实际应用中,除了计算系统可靠性之外,还可以研究系统中最佳的冗余配置,比如为每个子系统选取最佳数量的不同种类的温备份单元。在优化中,可以综合考虑系统的可靠性和成本,进行多目标优化。总之,通过本书中提出的含有温备份单元的系统的可靠性建模方法,可以实现对各种含有温备份单元的复杂系统的可靠性评估以及优化,从而达到节约成本、安全生产和提高利润的目的。

参考文献

[1] KOLOWROCKI K, KWIATUSZEWSKA-SARNECKA B. Reliability and risk analysis of large systems with ageing components [J]. Reliability Engineering & System Safety, 2008, 93(12): 1821-1829.

[2] LEVITIN G, LISNIANSKI A. A new approach to solving problems of multi-state system reliability optimization [J]. Quality and Reliability Engineering International, 2001, 17(2): 93-104.

[3] AGARWAL M, GUPTA R. Homogeneous redundancy optimization in multi-state series-parallel

systems:A heuristic approach [J]. IIE Transactionsactions,2007,39(2):277-289.

[4] HSIEH T J,YEH W C. Penalty guided bees search for redundancy allocation problems with a mix of components in series-parallel systems [J]. Computers and Industrial Engineering,2012, 39(11):2688-2704.

[5] RAMIREZ-MARQUEZ JE,COIT DW. A heuristic for solving the redundancy allocation problem for multi-state series-parallel systems [J]. Reliability Engineering & System Safety,2004,83(3):341-349.

[6] SALMASNIA A,AMERI E,NIAKI S. A robust loss function approach for a multi-objective redundancy allocation problem [J]. Applied Mathematical Modelling,2016,40(1):635-645.

[7] SOLTANI R,SAFARI J,SADJADI S. Robust counterpart optimization for the redundancy allocation problem in series-parallel systems with component mixing under uncertainty [J]. Applied Mathematics and Computation,2015,271:80-88.

[8] TIAN Z G,ZUO M J,HUANG H Z. Reliability-redundancy allocation for multi-state series-parallel systems [J]. IEEE Transactions on Reliability,2008,57(2):303-310.

[9] TIAN Z G,LEVITIN G,ZUO M J. A joint reliability-redundancy optimization approach for multi-state series-parallel systems [J]. Reliability Engineering & System Safety,2009,94(10):1568-1576.

[10] ZHOU Y,TIAN R,SUN Y,et al. An effective approach to reducing strategy space for maintenance optimisation of multistate series-parallel systems [J]. Reliability Engineering & System Safety,2015,138:40-53.

[11] PENG R,MO HD,XIE M,LEVITIN G. Optimal structure of multi-state systems with multi-fault coverage [J]. Reliability Engineering & System Safety,2013,119:18-25.

[12] XIAO H,PENG R. Optimal allocation and maintenance of multi-state elements in series-parallel systems with common bus performance sharing [J]. Computers & Industrial Engineering,2014,72:143-151.

[13] LEVITIN G. Optimal allocation of multi-state transmitters in acyclic transmission network [J]. Reliability Engineering & System Safety,2001,75:73-82.

[14] LEVITIN G,XING L,DAI Y. Optimal allocation of connecting elements in phase mission linear consecutively-connected systems [J]. IEEE Transactions on Reliability, 2013, 62(3): 618-627.

[15] 何爱民,赵先,崔利荣,解伟娟. 线形可重叠的 m-consecutive-k-out-of-n:F 系统可靠性和单元重要度研究[J]. 兵工学报,2009,30 (z1):135-138.

[16] KOSSOW A,PREUSS W. Reliability of linear consecutively-connected systems with multistate components [J]. IEEE Transactions on Reliability,1995,44(3):518-522.

[17] LEVITIN G. Optimal allocation of multi-state elements in linear consecutively connected systems with vulnerable nodes [J]. European Journal of Operational Research,2003,150(2): 406-419.

[18] PENG R,XIE M,NG SH,LEVITIN G. Element maintenance and allocation for linear consecu-

tively connected systems [J]. IIE Transactions,2012,44(11):964-973.

[19] ZUO M J. Reliability of multistate consecutively-connected systems [J]. Reliability Engineering & System Safety,1994,44(2):173-176.

[20] SHEN J,CUI L. Reliability and birnbaum importance for sparsely connected circular consecutive-k systems [J]. IEEE Transactions on Reliability,2015,64(4):1140-1157.

[21] DAUS L,BEIU V. Lower and upper reliability bounds for consecutive-k-out-of-n:f systems [J]. IEEE Transactions on Reliability,2015,64 (3):1128-1135.

[22] ZHU,X,BOUSHABA M,REGHIOUA,M. Joint reliability importance in a consecutive-k-out-of-n:F system and an m-consecutive-k-out-of-n:F system for markov-dependent components [J]. IEEE Transactions on Reliability,2015,64 (2):784-798.

[23] YU H,YANG J,PENG R,ZHAO Y. Linear multi-state consecutively-connected systems constrained by m consecutive and n total gaps [J]. Reliability Engineering & Systems Safety,2016,150:35-43.

[24] LEVITIN G. Linear multi-state sliding-window systems [J]. IEEE Transactions on Reliability,2003,52(2):263-269.

[25] LI B,BLASCH E. Two-way handshaking circular sequential k-out-of-n congestion system [J]. IEEE Transactions on Reliability,2008,57(1):59-70.

[26] 撒鹏飞,赵敏. 微小卫星星务计算机系统模拟部件可靠性设计[J]. 系统工程与电子技术. 2006,(2):313-316.

[27] KONAK A,KULTUREL-KONAK S,LEVITIN G. Multi-objective optimization of linear multi-state multiple sliding window system [J]. Reliability Engineering & System Safety,2012,98(1):24-34.

[28] LEVITIN G,BEN-HAIM H. Consecutive sliding window systems [J]. Reliability Engineering & System Safety,2011,96 (10):1367-1374.

[29] LEVITIN G,DAI Y. k-out-of-n sliding window systems [J]. IEEE Transactions on Systems Man and Cybernetics-Part A:Systems and Humans,2012,42 (3):707-714.

[30] XIANG Y,LEVITIN G,DAI Y. Optimal allocation of multistate components in consecutive sliding window systems [J]. IEEE Transactions on Reliability,2013,62(1):267-75.

[31] XIAO H,PENG R,LEVITIN G. Optimal replacement and allocation of multi-state elements in k-within-m-from-r/n sliding window systems [J]. Applied Stochastic Models in Business and Industry,2015,32(2):184-198.

[32] XIAO H,PENG R,WANG W,ZHAO F. Optimal element loading for linear sliding window systems [J]. Proceedings of the Institution of Mechanical Engineers,Part O:Journal of Risk and Reliability,2016,230:75-84.

[33] LEVITIN G. Optimal allocation of elements in a linear multi-state sliding window system [J]. Reliability Engineering & System Safety,2002,76(3):245-254.

[34] LEVITIN G. Uneven allocation of elements in linear multistate sliding window system [J]. European Journal of Operational Research,2005,163:418-433.

[35] 宋月,刘三阳,冯海林. 相邻 k-out-of-n:F 多状态可修系统的可靠性分析[J]. 系统工程与电子技术,2006,(2):310-312.

[36] LIN Y K. A simple algorithm for reliability evaluation of a stochastic-flow network with node failure [J]. Computers & Operations Research,2001,28(13):1277-1285.

[37] LIN Y K. System reliability evaluation for a multistate supply chain network with failure nodes using minimal paths [J]. IEEE Transactions on Reliability,2009,58(1):34-40.

[38] LIN Y,HUANG C,YEH C. Assessment of system reliability for a stochastic-flow distribution network with the spoilage property [J]. International Journal of Systems Science,2016,47(6):1421-1432.

[39] YEH W. A fast algorithm for quickest path reliability evaluations in multi-state flow networks [J]. IEEE Transactions on Reliability,2015,64(4):1175-1184.

[40] YEH W. An improved sum-of-disjoint-products technique for symbolic multi-state flow network reliability [J]. IEEE Transactions on Reliability,2015,64(4):1185-1193.

[41] YEH W,BAE C,HUANG C. A new cut-based algorithm for the multi-state flow network reliability problem [J]. Reliability Engineering & System Safety,2015,136:1-7.

[42] ZUO M J,Tian Z G,Huang H Z. An efficient method for reliability evaluation of multistate networks given all minimal path vectors [J]. IIE Transactions,2007,39(8):811-817.

内 容 简 介

本书系统地研究了不同结构的温备份系统可靠性建模方法，较为完整地解决了现有温备份系统的可靠性建模问题，对温备份系统的可靠性分析评价与优化设计具有一定的指导意义。本书提出的模型适用于带有任意多个温备份元件的系统，并且适用于系统元件故障发生时间服从任意分布的情况。本书所用的方法主要是在传统的二分决策图和多值决策图基础上根据温备份系统的特点进行改进，该方法对其他复杂系统的可靠性研究也有参考价值。本书读者对象为从事可靠性研究和工作的科研人员、工程技术人员以及在校研究生等。

Content summary

This book systematically studies the reliability modelling method of warm standby systems with different structures, overcoming the difficulties faced by existing methods, and serves an important reference for the reliability evaluation and structure optimization of warm standby systems. The models proposed in this book apply to systems with arbitrary number of warm standby components subject to arbitrary distributed failure time. The technique used in this book is mainly based on the improvement of traditional binary decision diagram and multivalued decision diagram in order to adapt to the characteristics of warm standby systems, and it can also be borrowed to study the reliability of other complex systems. This book is most helpful for the researchers and practitioners in the field of system reliability and the graduate students in related subjects.